三峡工程湖北库区高切坡智能管控关键技术

SANXIA GONGCHENG HUBEI KUQU GAOQIEPO ZHINENG GUANKONG GUANJIAN JISHU

苏爱军　刘军旗　主　编
吕国斌　刘　刚　副主编

图书在版编目(CIP)数据

三峡工程湖北库区高切坡智能管控关键技术/苏爱军,刘军旗主编. —武汉:中国地质大学出版社,2022.6

ISBN 978-7-5625-5283-3

Ⅰ.①三… Ⅱ.①苏… ②刘… Ⅲ.①三峡工程-滑坡-防护工程-研究 Ⅳ.①P642.22 ②TV632.719

中国版本图书馆 CIP 数据核字(2022)第 098831 号

三峡工程湖北库区高切坡智能管控关键技术	苏爱军 刘军旗 **主 编** 吕国斌 刘 刚 **副主编**

责任编辑:彭 琳　　责任校对:何澍语

出版发行:中国地质大学出版社(武汉市洪山区鲁磨路 388 号)　　邮政编码:430074
电 话:(027)67883511　　传 真:(027)67883580　　E-mail:cbb @ cug. edu. cn
经 销:全国新华书店　　http://cugp. cug. edu. cn

开本:787 毫米×1092 毫米 1/16　　字数:308 千字　　印张:12
版次:2022 年 6 月第 1 版　　印次:2022 年 6 月第 1 次印刷
印刷:武汉中远印务有限公司

ISBN 978-7-5625-5283-3　　定价:52.00 元

《三峡工程湖北库区高切坡智能管控关键技术》

编审委员会

主　　编：苏爱军　刘军旗

副 主 编：吕国斌　刘　刚

参编人员：龚松林　何珍文　王权于　宋　焘

陈麒玉　王承军　张奇华　窦　杰

刘亚军　董　杉　周　鑫　李国策

王朝鹤　林　晨　王子琳　范云帆

卢成睿　左可顺　赵龙翔

前　言

高切坡是广泛存在的人工开挖边坡，具有高、陡的地形特征和强烈而连续的卸荷特征。由于三峡库区移民安置建设用地的需要，开挖工程形成了大量的高切坡。这些高切坡数量多、覆盖范围广，且多集中于复建房屋和交通线路分布处，高切坡变形破坏直接威胁安置区移民的生命财产和复建桥梁、码头等重要交通设施的安全。

高切坡的变形破坏受到众多内外因素共同影响和制约。这些因素包括地层岩性、地质构造、岩土体物理力学性质、空间形态、水文、气象、动植物分布等，以及人类活动。这些因素相互作用、相互依存，维持着高切坡的动态平衡。一旦平衡状态被打破，就可能发生地质灾害。因此，进行高切坡的预测和预警，需要尽可能多地获取高切坡的各种信息。

为充分利用大数据、云计算等新的技术优势，提高三峡工程湖北库区移民安置区高切坡地质安全管控的智能化水平，水利部组织开展了“三峡工程湖北库区移民安置区高切坡地质安全智能管控关键技术研究”项目。该项目顺应科学研究第四范式的发展趋势，结合三峡工程湖北库区移民安置区高切坡安全的实际需求，广泛采用了大数据、云计算、人工智能等新技术，通过基础数据与监测数据的整理活化、泛结构化数据的一体化管理与调度、大数据与云环境平台的搭建和湖北库区 4 个县(区)(宜昌市夷陵区、秭归县、兴山县及湖北省恩施土家族苗族自治州巴东县)高切坡智能扫描及预警这 4 个途径，实现了三峡工程湖北库区移民安置区高切坡的定期与按需触发式预测评估和阈值触发式预警的智能管控目标，提高了移民安置区高切坡地质安全管控的智能化服务水平，在为职能部门和人民群众提供高切坡安全信息检索服务的同时，也为高切坡监测预警与减灾防灾决策提供了技术支撑。

本书是对三峡工程湖北库区移民安置区高切坡地质安全智能管控关键技术研究的总结，共分为 5 章。第 1 章介绍了项目研究的背景、目标、意义和主要研究内容，以及项目的工作部署与取得的主要成果。第 2 章介绍了数据收集与整理方面的工作，包括实现高切坡智能管控的数据基础，数据来源、种类及特点，数据的存储及管理原则等。第 3 章介绍了项目的数据管理系统——泛结构化数据管理与分析系统。内容包括泛结构化数据管理系统整体结构、结构化与非结构化数据的管理与调度、高切坡特征数据的提取与管理、高切坡智能管控大数据挖掘与融合方法库的建设、泛结构化数据管理与调度系统的集成等。第 4 章介绍了高切坡智能管控云平台的构建，主要包括云平台的整体架构、云平台的环境构建、云平台的数据集成和云平台的应用服务等。本章还重点介绍了高切坡智能预测的多种服务模式。第5章介绍了高切坡智能预警与管控研究成果，包括区域及单体高切坡特征数据集的提取与自动整理、区域高切坡智能预测预警、单体高切坡智能预测预警和高切坡智能管控与服务。

本书依据三峡工程湖北库区移民安置区高切坡安全评价工作成果，系统阐述了库区高切坡智能预测预警的工作思路和技术方法，可以为从事库区地质安全工作的技术人员和开展地质灾害大数据研究的技术人员与管理人员提供参考。

感谢在本书编写过程中给予帮助的各位同事！感谢在本书编写过程中给予指导的各位专家学者！

编　者

2021年11月

目　录

1 概 述

三峡库区是我国地质安全事故频发区。在三峡工程湖北库区移民安置区开挖形成的高切坡数量多、覆盖范围大,高切坡变形破坏直接威胁安置区移民的生命财产和复建桥梁、码头等重要交通设施的安全。因此,高切坡的稳定性与安全性评估成为移民安置区广受关注的问题。随着大数据技术、云计算技术等的快速发展,已有的高切坡管理系统无论是从数据使用的广度和深度层面,还是从智能预警与管控层面都难以满足三峡库区高切坡预警与应急处理的现实需求。为了对三峡工程湖北库区移民安置区高切坡的整体时空发展动态形成一个清晰的认识,并实现高切坡现状动态趋势模拟与智能管控,有必要开展基于大数据思维的三峡工程湖北库区移民安置区高切坡地质安全智能管控关键技术研究。

1.1 项目背景

数据和信息作为一种公认的资源,多年来一直呈现出爆炸性增长态势。基于结构化、部分样本数据和众多模型的传统研究,在面对海量、价值密度低且不断快速增长的数据时,研究成果的唯一性及确定性受到挑战,游离在现有知识体系之外的"意外"时有发生。大数据研究是一种基于大量数据而非部分样本数据,基于实际数据而非某个确定模型,基于多源异质异构数据而非单纯结构化数据,基于大量价值密度低的数据而非选择出来的价值密度很高的数据的研究方法。大数据研究具有在海量、价值密度低的数据中,快速提取有价值的信息并评估可能产生的某种趋势或概率的特点,与传统研究相比,更加适应数据及信息量快速增长的现状,已被许多国家提升到国家战略的高度。

三峡工程湖北库区移民安置区高切坡地质安全数据主要为高切坡基础地质数据与监测数据,具有典型的"大数据"特征,主要表现为多来源、大数量、多类型、多格式、多尺度、多精度、数字化程度差异大的多源异质异构特征[大数据的5V特点:Volume(大量)、Velocity(高速)、Variety(多样)、Value(低价值密度)、Veracity(真实性)]。三峡工程湖北库区移民安置区高切坡基础数据及监测数据存在以下几个相互关联的问题。

1.1.1 伪电子数据的整理与活化问题

三峡工程湖北库区移民安置区高切坡地质安全相关数据包括大量的基础数据和天空地

三基监测数据。三基监测数据主要包括天基遥感数据、空基无人机数据和地基监测数据。地基监测数据主要包括动态的高切坡专业监测数据、群测群防数据和通过公有网络获取的气象数据等网络众源数据。基础数据是指丰富的地质、设计与施工数据，基本都是静态数据，包括高切坡调查与勘查数据、高切坡防治工程设计与施工数据，主要由报告和大量附图组成。这些高切坡天空地三基监测数据和基础数据中既含有大量的结构化数据，如能通过二维数据表管理的勘探数据，也含有大量的非结构化数据，如文档类的大量地质报告，图形类的大量地质图件、三维地质模型等，统称为泛结构化数据。从存储量方面来看，在与高切坡相关的泛结构化数据中，非结构化数据占70%以上的存储比例，且很难用二维数据表进行有效管理。但是非结构化数据一般含有丰富的信息，如一篇数十页或数百页的地质勘查报告中必然含有大量的高切坡基础数据或信息，由于目前主流的关系型数据库对文档的管理是通过整体存储进行的，因而很难对包含在文档中的数据或信息进行有效操作。如从大量的地质报告中确定某个数据或信息是否存在，包含在哪个或哪几个文档中，怎样把需要的数据或信息从大量的文档中快速提取出来等，都是以二维数据表为基础的关系型数据库面临的难题。类似问题对其他类型的非结构化数据同样存在。

总体来看，目前三峡工程湖北库区移民安置区高切坡地质安全相关数据基本都是呈碎片状的伪电子数据，主要由一些电子文档、照片、图像、多种格式的电子图纸等非结构化或半结构化的电子数据组成，从实质上来讲，与原来的“档案室”没有太大区别，这样的数据基本上难以进行数据挖掘、数据融合等深层分析，也难以从中实时快速检索到需要的关键信息，对三峡工程湖北库区移民安置区高切坡地质安全方面的管理，地质灾害防治、预测预警等国家和社会事务的服务效率不高，不能满足当前大数据快速响应的要求。

1.1.2 数据使用的几个问题

在开展三峡库区移民安置区高切坡地质安全智能管控研究的过程中，数据使用方面存在几个突出问题。

(1)数据采集手段不足，存在数据盲点，如基础数据不完整、数据不全、数据更新不及时等，导致数据关联度不足、分析参数不全。

(2)大量不良结构或非结构化数据的存在，使得数据难以被有效利用、不方便调用或调用不及时等。

(3)预警方法单一，对重点和未知隐患点的发现手段不足，预警的精度和速度、智能化程度不高等。

这些问题的存在，使得无论是从数据使用的广度和深度层面，还是从高切坡智能预警的精度和智能化管理层面，这些数据都已不能满足三峡库区高切坡预警与应急处理的要求。

1.1.3 大数据融合与挖掘分析问题

大数据时代，发达国家都高度重视信息共享与服务，陆续建立起专业的大数据平台，通过数据挖掘开发基础数据资源，支持多种问题的智能分析与决策。高切坡时空大数据是对高切坡多粒度、多时相、多方位和多层次的全面记录，蕴含了高切坡演化及时空运动规律等方面的知识。但是，现有的数据处理和分析技术在数据到知识转化上还存在明显的不足。

充分利用高切坡基础静态数据和实时动态数据对高切坡的稳定性与安全性进行评估，需要对高切坡多源异质异构数据进行挖掘与融合分析，这是一种多层次的数据处理过程，包括在大量泛结构化数据中进行多类数据的挖掘分析、历史数据与实时数据的融合分析、静态数据与动态数据的融合分析和多传感器数据的融合分析等。

1.1.4 基于大数据思维的高切坡智能管控技术研究

这项技术基于大数据思维，在活化的高切坡基础数据、监测数据、群测群防数据和网络众源数据等全体数据的支持下，让更多的数据参与分析，通过数据集-参数集-算法集的耦合研究，建立针对三峡工程湖北库区移民安置区4个县(区)区域高切坡和每个单体高切坡的预测预警组合评估流程，并依据需要定时自动或按需触发区域及每个单体高切坡的自动智能预测。

上述问题的存在，给三峡工程湖北库区移民安置区高切坡的高效管理带来多种不易克服的困难。因此，开展三峡工程湖北库区高切坡智能管控关键技术研究，活化三峡工程湖北库区高切坡数据并进行基于云平台的统一管理，是实现大数据挖掘、分析、智能预测的必然途径，可以为高切坡安全高效管理、智能预警与管控提供全面的数据支持和技术支持。

1.2 研究目标

1.2.1 项目目标

基于大数据的三峡工程湖北库区移民安置区高切坡地质安全智能管控关键技术研究的目标，是以大数据思维全面整理与活化移民安置区高切坡等地质安全方面的伪电子数据，建立结构合理、功能适度的高切坡地质安全智能管控云平台。

研究目标1:整理与活化移民安置区高切坡地质安全伪电子数据。

采用标准化、归一化、非结构化信息关键要素识别、分解、分类、提取、智能检索等方法，实现移民安置区大量伪电子数据的整理与活化，便于开展后续的大数据挖掘与融合研究。

研究目标2:研究适应移民安置区高切坡地质安全智能管控的大数据理论与技术方法。

针对移民安置区高切坡等地质安全的特点和智能管控的需求，开展移民安置区高切坡地质安全大数据理论与技术方法研究，开展基于大数据驱动的数据挖掘与融合方法研究。

研究目标3:天空地三基监测数据的获取、安全传输及集成研究。

基于网络、物联网技术和移民安置区高切坡地质安全大数据理论与技术方法，研究三基监测数据的获取、安全传输及数据集成。

研究目标4：高效管理与调度泛结构化数据。

泛结构化数据管理与调度系统可高效存储、管理和调度TB级以上的天基、空基和地基地质安全数据。数据类型包括静态数据及动态的结构化、半结构化和非结构化数据，可提供多源异质异构三基监测数据标准化功能，建立地质安全数据的高效动态索引、调度和共享服务机制。

研究目标5：构建移民安置区智能管控云平台。

为提高移民安置区高切坡地质安全的研究、管理和社会服务效率，提供基于云服务模式的跨地域、跨学科、分布式工作环境，开展多维可视化的数据查询、检索、互操作和云计算服务，提供多种泛结构化数据融合、挖掘与智能分析、智能评估、智能预测和智能预警等功能。

1.2.2 研究内容

三峡工程湖北库区移民安置区高切坡地质安全智能管控关键技术研究包括1个整体架构、2个支撑环境、2类数据基础、1个理论技术体系和2个平台的建设，见图1-1。

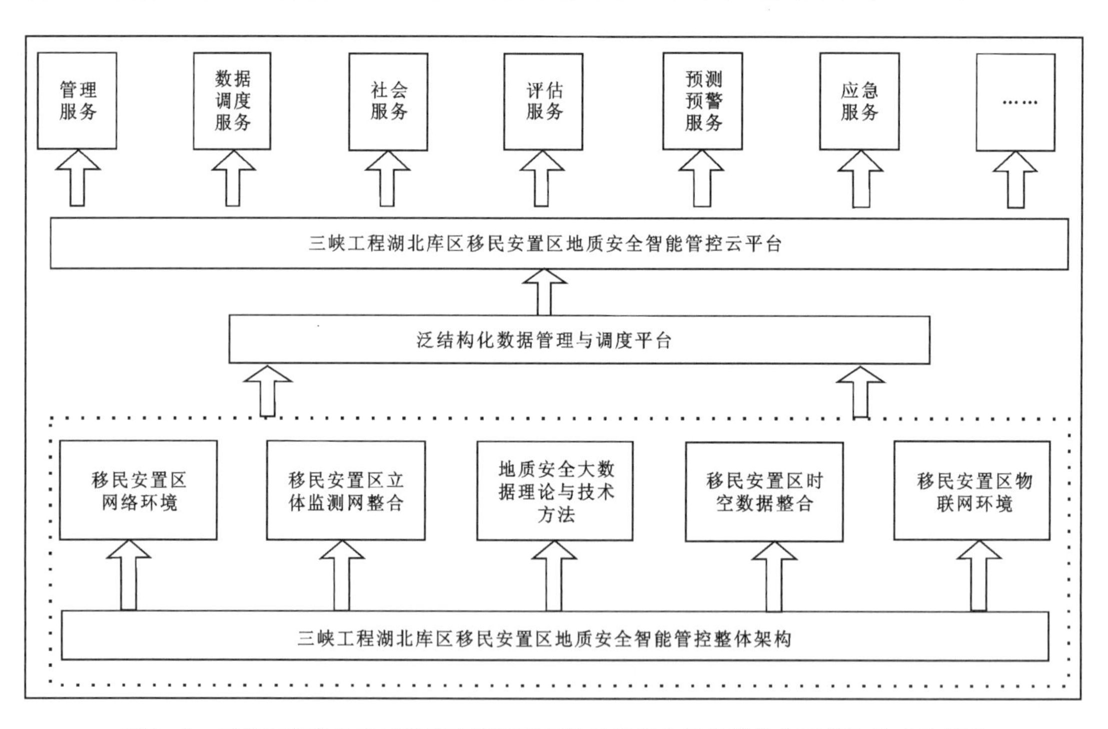

图1-1 三峡工程湖北库区移民安置区高切坡地质安全智能管控主要模块组成示意图

1. 移民安置区高切坡地质安全智能管控整体架构研究

三峡工程湖北库区移民安置区高切坡地质安全智能管控关键技术研究基于时代发展的

需求，将在移民安置区高切坡地质安全方面提供高效的社会服务。高切坡地质安全智能管控整体架构见图1-2。

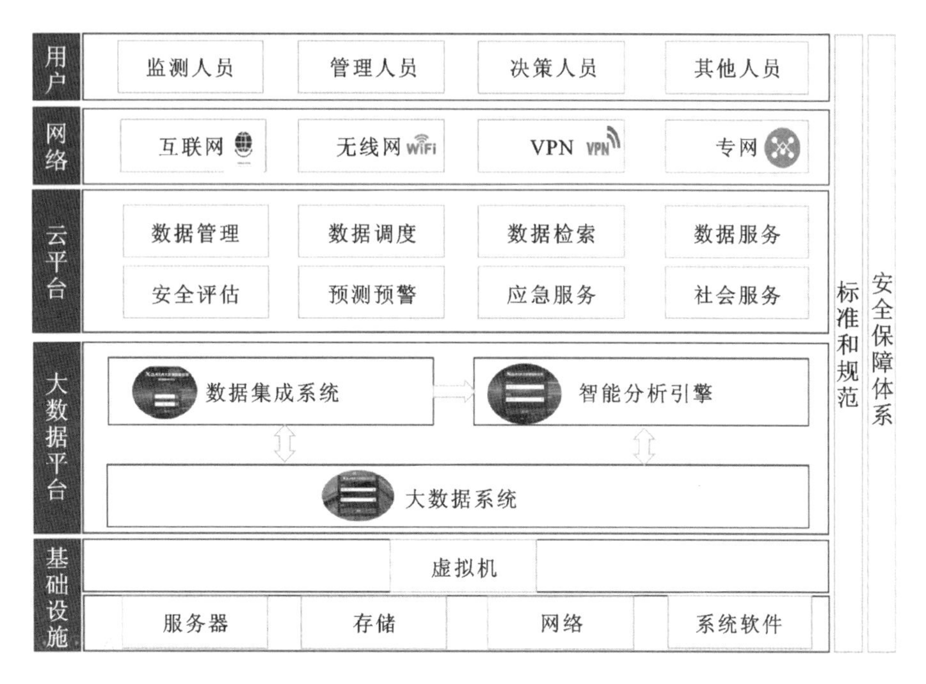

图1-2 移民安置区高切坡地质安全智能管控整体架构

2. 移民安置区网络、物联网及三基数据的传输与整合

网络及数据整合的主要目标是为移民安置区高切坡地质安全智能管控提供通畅且安全的网络环境、必要且安全的物联网互操作环境，以及整合现有天空地三基资源。

三基数据传输与整合的目的是为移民安置区高切坡地质安全智能管控提供点面结合且兼顾整体与重点目标的多源立体监测数据(图1-3)。在开展移民安置区网络、物联网的整合工作时，需要对移民安置区网络环境及物联网环境进行整体评估，提出合理的网络及物联网整合方案，实现移民安置区高切坡等数据的安全传输，为大数据的存储与管理服务。

在开展三基数据传输与整合工作时，需要对目前三峡工程湖北库区移民安置区三基数据源进行详细调查，在现有地基勘查、调查及地基监测网的基础上，构建完整的移民安置区三基数据源。

3. 地质安全静态时空数据与动态监测数据的耦合

地质安全的多源静态数据(如不同时期的调查与勘查数据等)与多源动态数据(如各种实时监测数据)的合理时空耦合问题，是目前关于地质安全信息处理的一个热点问题，是数据融合与数据挖掘的基础。其具体内容为：研究移民安置区高切坡地质安全大量伪电子数据及多源监测数据的组成、精度、特点、存储方式、管理方式、在空间中的疏密程度、采集的不

图 1-3 三峡工程湖北库区高切坡地质安全立体监测数据源示意图

同时段、时空的相互关联关系、转换规则、组合规律、结构化程度等数据异质异构特性，研究泛结构化数据分解、存储、组合等的实际需求和可操作性，研究静态数据与动态数据在时空上的叠加、传递、关联、相互影响等耦合问题。

4. 地质安全多主题动态时空大数据理论与技术方法研究

针对多源异构三峡工程湖北库区移民安置区高切坡地质安全时空数据特点，研究泛结构化时空数据的动静组合、挖掘及融合方法，研究高切坡区域数据与单体数据的融合方法，为地质安全时空数据的深度应用提供支持；通过融合数理统计的定量分析与神经网络的定性趋势模拟，研究地质安全多传感器立体监测数据融合模型及融合算法，发掘多传感器监测数据之间隐含的时空影响及内在关联，支持动态监测数据相关分析及数据挖掘，为地质安全时空分析和智能管控提供技术支撑。

5. 地质安全多源异质异构数据管理与调度系统研究

针对三峡工程湖北库区移民安置区高切坡地质安全的各类数据，采用结构化数据库与非结构化数据库相结合的技术思路，使结构化数据与非结构化数据的管理模式无缝集成，见图 1-4。建立三峡工程湖北库区移民安置区高切坡地质安全多源异质异构数据的管理与调度系统，同时研究数据的异地多线程高效调度问题。这部分工作是数据实时服务的关键点之一。

6. 移民安置区高切坡地质安全智能管控云平台研究

在以上各项工作的基础上，进行三峡工程湖北库区移民安置区高切坡地质安全智能管

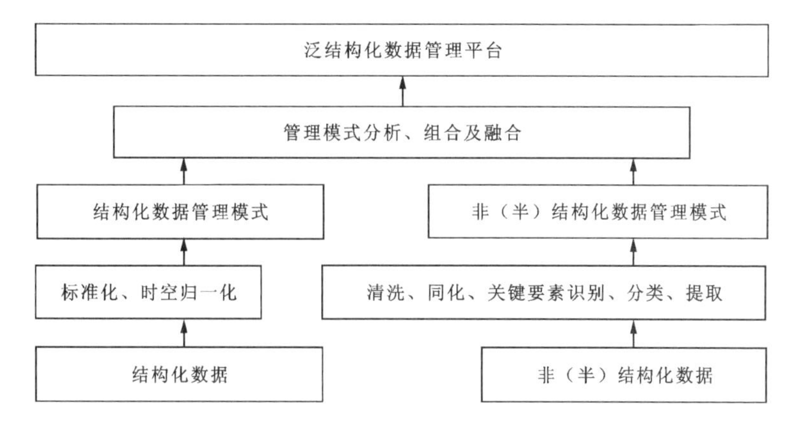

图 1-4 泛结构化数据管理

控云平台研究，研究移民安置区高切坡地质安全数据的高效智能存取、智能挖掘和智能管理，研究基于智能移动端的信息采集、处理、查询检索、建模和计算，研究基于移动端实现各项社会服务的理论与技术方法，研究基于大数据思维的地质安全智能预警、决策分析和安全评估等智能管控的技术方法，建立面向社会、为公众服务的信息管理与服务平台原型（图 1-5），发挥三峡工程湖北库区移民安置区高切坡地质安全智能管控的社会服务功能。

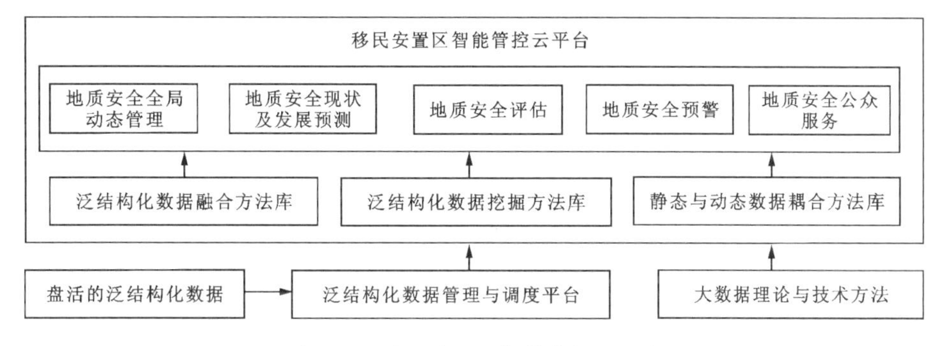

图 1-5 移民安置区智能管控云平台

1.2.3 技术路线

项目研究的整体方案见图 1-6。

本次研究工作基于大数据思维，以“数据驱动”为核心，结合“机理模型驱动”，可与传统的以“机理模型驱动”为核心的研究互补，是地质安全研究的有益及重要补充或扩充，有望突破采样随机性和样品空间狭小、大量良莠难分的非结构化和半结构化数据无法利用，以及缺乏可靠的作用机理、因果关系和动力学模型，仅凭少量观测数据和固有模式进行判断、预测等的限制。

本次研究有 5 个重要的技术节点。

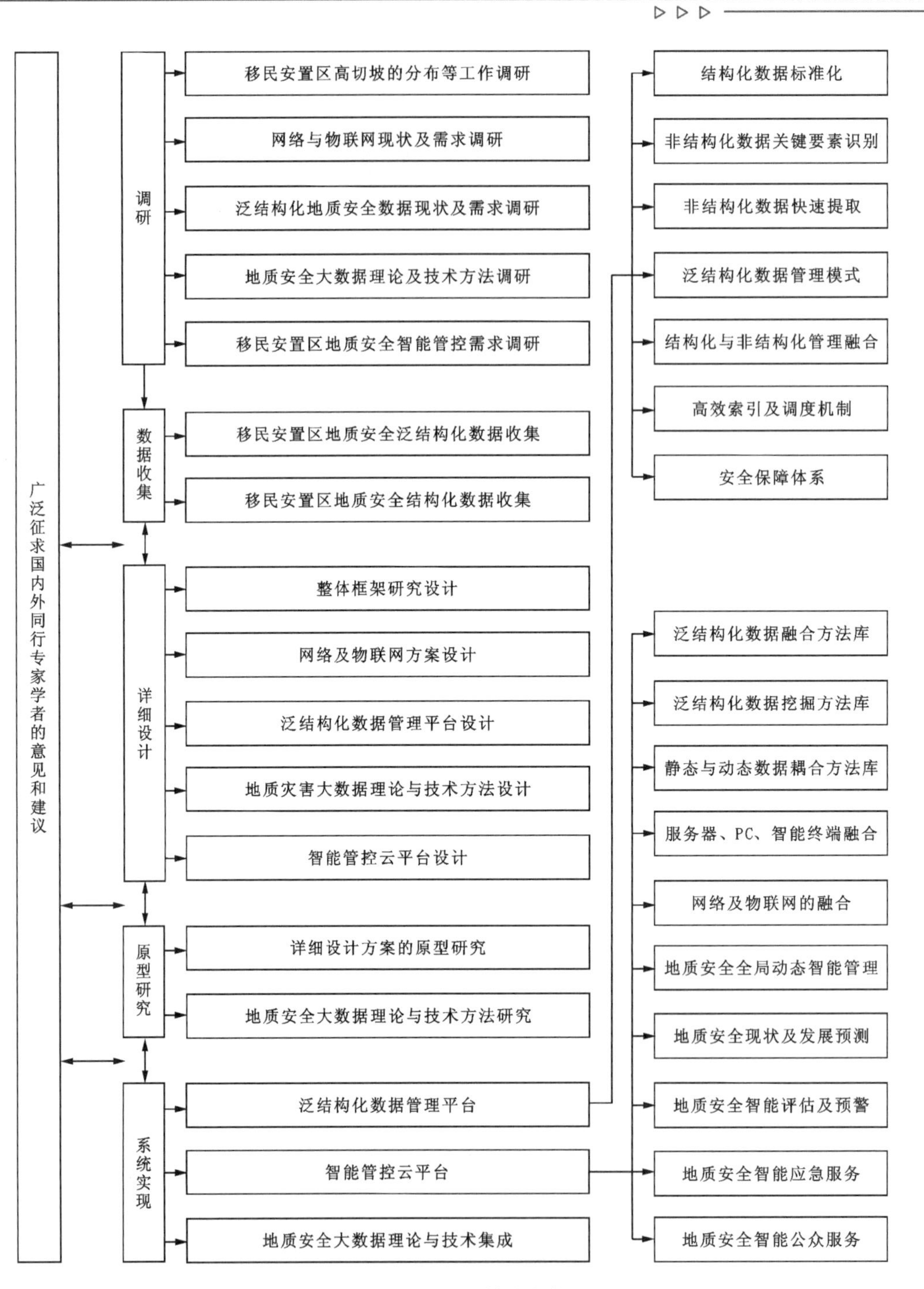

图 1-6　研究的整体方案简图

节点1:安全通畅的数据获取通道。确保高切坡勘查、调查静态数据和动态三基监测数据的安全持续获取。这部分工作主要由移民安置区网络、物联网及三基监测数据源的传输与整合来实现。

节点 2:多源异质异构数据的标准化。确保不同时间、不同空间、不同精度、不同尺度、不同类型、不同格式、不同参照系、不同来源的移民安置区高切坡地质安全数据在统一的时空体系上标准化。多源异质异构数据的标准化工作是后续工作的基础。

节点 3:泛结构化数据的管理与调度。建立结构化数据与非结构化数据无缝集成的泛结构化数据管理系统,研究非结构化数据关键要素的识别、分解与提取方法,研究泛结构化数据的高效索引与调度方案。数据的科学管理与调度是移民安置区高切坡地质安全大数据融合与挖掘的基础,是移民安置区高切坡地质安全大数据管理与调度系统的主要任务。

节点 4:移民安置区高切坡地质安全数据的融合与挖掘研究。研究泛结构化数据在不同数据源、不同精度、不同尺度时的多种数据融合与挖掘方法,建立移民安置区高切坡地质安全数据的融合方法库和挖掘方法库,确保在不同情况下对不同泛结构化数据组成的数据可以进行挖掘与融合分析。

节点 5:移民安置区高切坡地质安全的智能管控。在云环境下,基于上述各项研究,依据大数据思维,以数据驱动为核心,结合机理模型驱动,对移民安置区高切坡地质安全数据进行批量智能分类、智能存储、智能调用、智能分析、智能评估、智能预测和智能预警。

本次研究工作分为调研、数据收集、详细设计、原型研究及系统实现 5 个步骤。

在调研阶段,对三峡工程湖北库区移民安置区高切坡地质安全的现状及需求进行深度调研;在数据收集阶段,收集与三峡工程湖北库区移民安置区高切坡地质安全相关的泛结构化数据;在详细设计阶段,对本次研究涉及的各个子课题进行详细的方案设计;在原型研究阶段,以各类子课题的典型问题为对象展开各项工作的基本原型研究;在系统实现阶段,以原型研究为基础,全面系统地完成本次研究工作。

1.3 工作部署

为便于实施具体项目,依据项目研究目标及研究内容,将项目研究工作划分为 4 个课题,见图 1-7。

课题 1:数据收集及有序大数据集的整合。课题 1 的主要任务是完成三峡工程湖北库区 4 个县(区)电子数据的收集和高切坡不良结构数据的系统整理工作。具体如下:对三峡工程湖北库区宜昌市夷陵区、秭归县、兴山县和恩施土家族苗族自治州巴东县 4 个县(区)的移民安置区高切坡相关数据的现状进行调研,收集 4 个县(区)高切坡的地质数据、地理数据、设计施工数据等静态数据,专业监测、群测群防等动态数据,气象、水文等网络众源动态数据,其中静态数据包括地质勘查报告及多种地质图件、治理设计报告及设计图件等高切坡基础数据。采用结构化关系型数据库和 NoSQL 相结合的方式,对收集到的 4 个县(区)数据进行活化与整合处理,形成 4 个县(区)有序的大数据集。这个大数据集通过基础数据库、运行数据库、成果数据库 3 个层面对高切坡大数据集进行存储和管理,并通过云平台的智能评估、数据服务等模块实现大数据挖掘与融合分析功能。

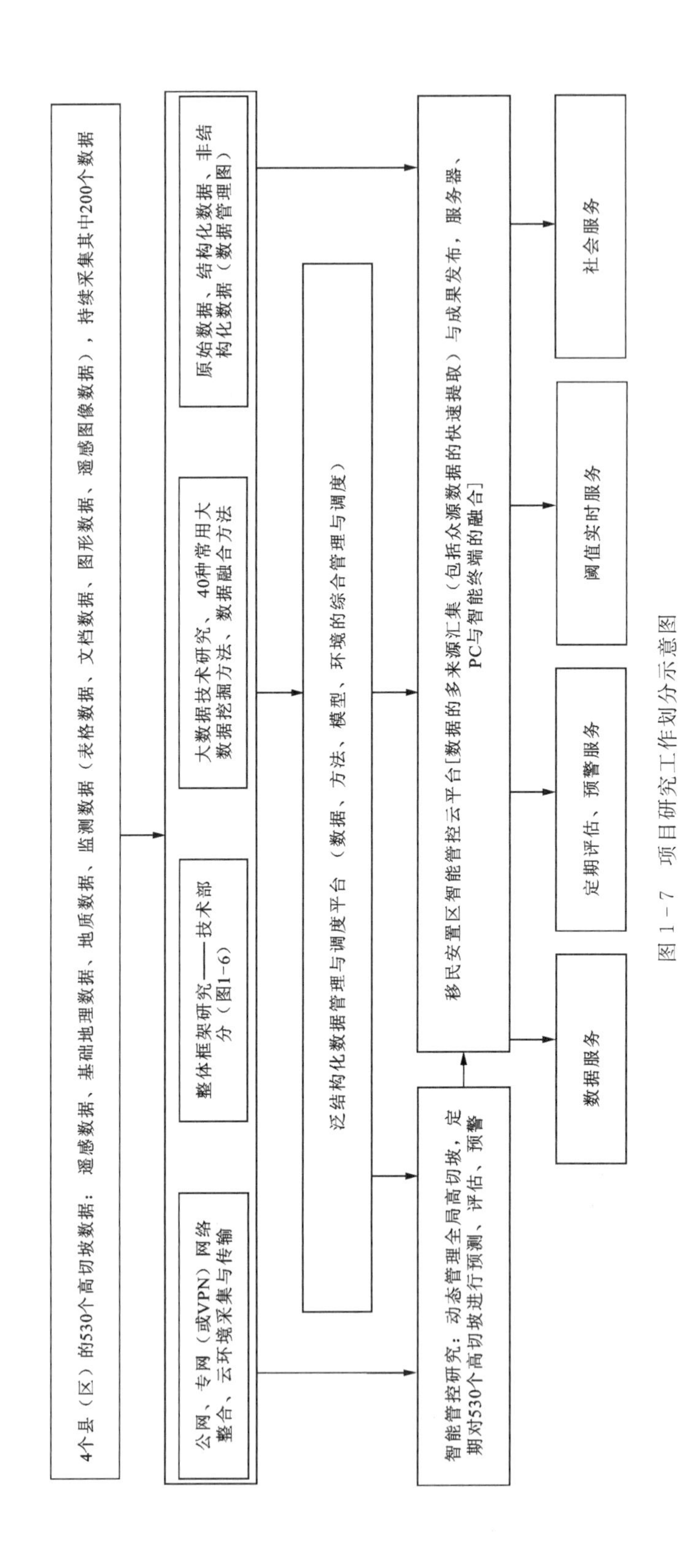

图1－7　项目研究工作划分示意图

课题 2:泛结构化数据管理与调度系统。课题 2 的主要任务包括泛结构化数据的一体化管理和大数据挖掘与融合算法库建设。对收集到的数据进行结构化与非结构化一体化处理,包括结构化数据的数据表管理、非结构化数据的 NoSQL 管理、泛结构化数据的一体化管理,以及大数据挖掘与融合算法库的建立,并基于大数据和云环境对泛结构化大数据的管理、高效调度、数据挖掘与融合进行系统研究和实际测试。

课题 3:移民安置区高切坡地质安全云平台。课题 3 的主要任务是构建云环境,系统集成课题 1、课题 2、课题 4 的成果和提供基于云平台的数据服务和智能预测预警服务。具体为:搭建三峡工程湖北库区移民安置区高切坡云服务环境,集成课题 1 的数据集,集成课题 2 的泛结构化数据库和数据挖掘与融合算法库,集成课题 4 的智能管控预测预警自动化、智能化流程,形成移民安置区高切坡地质安全云平台,为 4 个县(区)相关职能部门和社会公众提供关于高切坡智能预测预警的数据服务、预测服务和预警服务。

课题 4:高切坡智能预警与管控。课题 4 的主要任务是实现 4 个县(区)区域高切坡及每个单体高切坡的定时智能评估与预警,并形成月报或季报定期报送 4 个县(区)水利局、湖北省水利厅和水利部相关管理部门。依据课题 1 和课题 2 的成果,依托课题 3 搭建的云平台,进行三峡工程湖北库区移民安置区高切坡地质安全的智能管控研究,基本过程包括 3 个步骤。

(1)数据准备。针对 4 个县(区)区域高切坡和每个单体高切坡的数据特征、历史特征,确定每个高切坡的特征数据集,定期智能触发获取每个高切坡的特征数据集。

(2)技术方法准备。基于"数据+模型"驱动研究,依据区域高切坡和每个单体高切坡的特征,定期触发定制区域智能管控评估处理流程和每个单体高切坡的智能评估处理流程。

(3)定期自动触发评估与预警。依据第(2)步骤中的区域和单体智能处理流程,调用第(1)步骤中的对应特征数据集,完成定期的触发式评估与预警,并报送相关管理部门和人员。

1.3.1 形成有序大数据集

本项目收集的数据主要包括地质勘查数据、高切坡设计及施工数据、监测系统采集的专业监测数据和群测群防数据,以及从公有网络上获取的众源数据。其中三峡库区高切坡监测系统于 2009 年建成并投入使用,2010—2013 年根据系统运行情况及工作需要进行了数次版本升级和维护。该系统建立了多个湖北省、重庆市高切坡监测站,对三峡库区 2874 处高切坡实施了群测群防监测,其中对 702 处实施了以地表位移监测为主的专业监测,监测方式为采用全球定位系统(GPS)和使用全站仪。

本次研究针对三峡工程湖北库区移民安置区 4 个县(区)(宜昌市夷陵区、秭归县、兴山县及恩施土家族苗族自治州巴东县)不良高切坡数据,在泛结构化数据管理与调度系统和地质安全云平台研制的基础上,收集、整合、活化 4 个县(区)高切坡的静态地质数据和动态监测数据,数据格式包括电子表格等表格数据、Word 等文档数据、DWG 等图形数据,形成了三峡工程湖北库区移民安置区 4 个县(区)高切坡的有序大数据集。

该有序大数据集能够充分支持高切坡地质安全大数据挖掘与融合分析,有序管理其中的原始数据、结构化数据和非结构化数据，支持从多种非结构化数据中快速提取各种分析因子。

1.3.2 泛结构化数据管理与调度系统

1. 原始数据、结构化数据、非结构化数据的一体化管理研究

泛结构化数据一体化管理要求形成一个统一的管理体系（图 1－8），全面、有效地管理移民安置区高切坡地质安全泛结构化数据，形成基础数据、运行数据、成果数据 3 层数据体系结构。

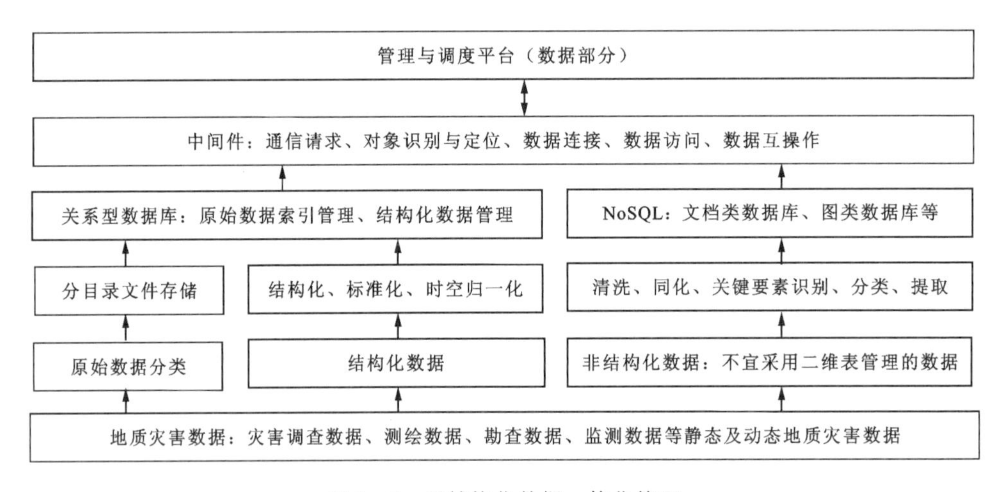

图 1－8　泛结构化数据一体化管理

2. 大数据技术研究

大数据技术主要研究多种数据的叠加、传递、关联、相互影响等耦合问题和大数据挖掘及融合等通用技术，要求提供 40 种以上常用大数据的挖掘方法和数据融合方法，并建立大数据挖掘方法库和融合方法库。

3. 泛结构化数据管理与调度系统

通过研制三峡工程湖北库区移民安置区高切坡地质安全泛结构化数据管理与调度系统，可以实现移民安置区高切坡地质安全智能管控相关数据、方法、模型、环境的综合管理与调度。

4. 数据服务工作

本部分工作是指为移民安置区的管理人员及技术人员提供高切坡泛结构化数据的在线查询、提取等数据服务。

1.3.3 移民安置区高切坡地质安全云平台

1. 网络整合

网络整合是指对三峡工程湖北库区移民安置区 4 个县(区)公网、专网[或虚拟专用网络(Virtual Private Network,VPN)]网络进行调研,制定整合方案,实现数据在云环境下的采集与传输。

2. 整体框架研究

整体框架研究是指从感知、传输、技术支撑、标准化和数据安全等方面,研究移民安置区高切坡地质安全智能管控整体框架,为管理与调度系统、云平台和智能化服务提供基础框架。

3. 移民安置区智能管控云平台建设

智能管控云平台主要实现在云环境下多源数据的汇集、众源数据的快速获取、泛结构化数据的集成与管理、智能管控成果的展示与发布、预测评估报告的定期报送和高切坡大数据的数据服务等功能。

1.3.4 移民安置区高切坡智能预测与管控

基于泛结构化数据管理与调度系统和云平台,实现以下 6 类智能服务。

(1)定时智能预测预警服务。每月或每季定时对 4 个县(区)所有高切坡进行区域及单体的稳定性及安全性全自动智能预测,预测结果实时发送给 4 个县(区)和省、部级相关职能部门的管理人员和技术人员。

(2)按需智能预测预警服务。依据气象变化或实际需要,在任意需要的时间,即时触发对 4 个县(区)所有高切坡的自动化智能预测服务。其服务内容与定时智能预测预警服务类似,区别在于预测时间一个是设定好的固定时间,一个是依据实际需要即时触发的时间。

(3)阈值预警服务。依据降雨量阈值和地表位移阈值,进行实时阈值预警。随时监控实时数据库中降雨量和位移数据的变化,当其变化量或变化量的累计值大于设定好的阈值时,实时把报警信息发送给相关管理人员和技术人员。

(4)新增高切坡(斜坡)稳定性评估服务。基于大数据技术,参照大量高切坡的空间形态、地质结构、物理力学参数、地层特征、地形地貌等信息,采用机器学习等方法,实现新增高切坡的稳定性评估服务。

(5)定时反馈服务。收集 4 个县(区)的管理人员和技术人员对 4 个县(区)智能预测预警结果的观察、验证和反馈信息,完善或修正 4 个县(区)高切坡的智能预测模型,并在下一次智能预测中综合 4 个县(区)的管理人员及技术人员的反馈意见。

(6)高切坡数据服务。提供4个县(区)高切坡地质数据、监测数据、网络众源数据和历次预测结果数据的浏览与检索服务;提供从图像中提取数据或信息的服务;提供从大量文档报告如地质勘查报告等中,快速提取任意需要的数据或信息的检索服务。

1.4 研究成果

三峡工程湖北库区移民安置区高切坡智能管控关键技术研究取得的成果主要有3项。

(1)整合好的高切坡有序数据集。对移民安置区高切坡数据中的结构化数据进行时空标准化处理,使该数据可以在统一的时空体系下,方便进行数据重组、多组合调用、数据挖掘及不同类数据的融合分析,对非结构化数据进行多种关键信息识别、分类、提取、组合分析等操作,以满足移民安置区高切坡大数据融合、挖掘分析以及智能管控的需求;对包括结构化数据与非结构化数据的4个县(区)泛结构化数据进行系统整合,形成三峡工程湖北库区移民安置区高切坡有序大数据集,并提供数据浏览、检索、上传、下载等综合服务。

(2)移民安置区高切坡智能管控云平台。在云环境下,无缝集成结构化数据与非结构化数据;实现泛结构化数据的统一管理,实现非结构化数据关键因素的识别、提取、分类,以及结构化数据的集成管理与综合分析;建立移民安置区高切坡地质安全的数据融合与挖掘方法库;实现静态数据与动态数据的耦合、显示与分析;实现移民安置区高切坡地质安全智能分类、智能分析、智能预测和智能预警等功能。

(3)高切坡智能管控服务体系。基于三峡工程湖北库区高切坡的有序大数据集和智能管控云平台,实现4个县(区)高切坡的系统数据服务、4个县(区)高切坡区域及单体定时智能预测预警与评估服务、4个县(区)高切坡按需智能预测预警与评估服务、4个县(区)高切坡实时阈值预警服务、4个县(区)新增居民点范围内斜坡的安全性评估服务和智能管控的评估反馈服务。

2 数据收集与整理

数据收集与整理工作的目标是为三峡工程湖北库区移民安置区高切坡智能预测预警提供数据基础。因此，我们需要全面收集4个县(区)移民安置区高切坡数据，开展高切坡数据的分类、整理、入库、管理与维护工作。

2.1 数据来源

三峡工程湖北库区移民安置区高切坡智能管控范围主要包括湖北省宜昌市夷陵区、秭归县、兴山县及恩施土家族苗族自治州巴东县4个县(区)。

三峡工程湖北库区移民安置区高切坡智能管控需要基础地质数据和实时监测数据的支持。基础地质数据主要包括高切坡地质勘查数据、高切坡治理设计数据和高切坡施工数据等，实时监测数据主要包括高切坡专业监测数据、高切坡群测群防数据和与高切坡相关的网络众源数据等。其中地质勘查数据、高切坡设计及施工数据主要来源于4个县(区)水利局档案室，高切坡专业监测数据和群测群防数据主要通过三峡库区高切坡监测预警系统获得。网络众源数据(如三峡库区水位数据、气象数据等)主要来源于相关政府部门网站发布的公开数据。网络众源数据由网络爬虫程序自动提取获得。

2.2 数据种类

高切坡智能管控系统需要收集、整理的基础资料、专业监测数据、群测群防数据和网络众源数据，可以分为静态数据与动态数据两大类，见图2-1。静态数据是指在某个时间段内获取的反映高切坡当时状态的数据，如高切坡的勘查报告、勘查图件、设计报告、设计图件等，一般情况下，很少更新。动态数据主要有专业监测数据、群测群防数据和网络众源数据，一般会定期更新。除这些数据外，项目还收集整理了4个县(区)的部分图像、三维模型、视频和无人机数据，并运用到高切坡智能管控研究中。

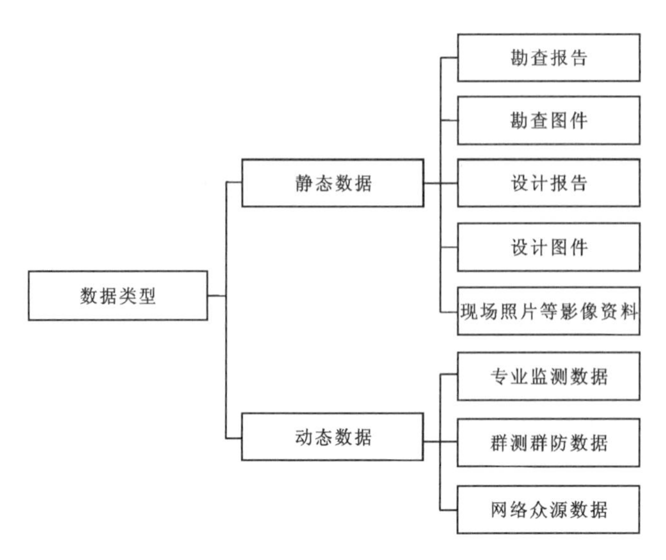

图 2-1　数据类型

2.2.1　静态数据

高切坡静态数据是指高切坡勘查及防护工程施工时获得的勘查报告及图件、设计报告及图件等，这些数据反映了高切坡勘查、设计与施工时高切坡的状态，如没有明确的要求，一般不会更新。项目获得的静态数据有以下 5 种。

(1)勘查报告。高切坡勘查报告是高切坡工程地质勘查工作的总结，是设计、施工部门的重要资料和工作依据，一般包括工程地质条件的论述、工程地质问题的分析评价、勘查结论和建议。勘查报告可提供的数据和信息主要有高切坡基本信息、自然条件、地形地貌特征、地层岩性特征、形态特征、结构特征、物质组成、水文地质、岩土物理力学参数、稳定性分析以及一些工程建议等。

(2)勘查图件。高切坡勘查图件包括工程地质平面图、剖面图、柱状图和部分专门性图件或立体投影图等，是高切坡智能管控的重要分析资料。

(3)设计报告。高切坡设计报告是指高切坡防护工程的设计报告，其内容主要分为两部分：第一部分是简要的地质勘查信息；第二部分包括设计方案、方法、施工技术要求、环境保护以及工程管理等内容。

(4)设计图件。高切坡设计图件通常包括工程平面图、工程剖面结构图、工程立面图和某些专门性图件。

(5)现场照片等影像资料。现场照片是勘查时实地拍摄的影像资料，可提供高切坡的形态特征、风化程度以及物质组成等信息。

除上述电子资料外，还有一部分高切坡资料以纸质形式存放在县(区)档案局内，需要进行电子化处理。

2.2.2 动态数据

高切坡动态数据是指与高切坡相关的定时更新数据，主要有专业监测数据、群测群防数据和网络众源数据。

(1)专业监测数据。专业监测数据主要是指高切坡地表的位移监测数据，一般布设在需要持续观察的重点高切坡上。目前专业监测大约每月监测1次，每年一般可以得到10次监测数据，工作人员针对监测数据每半年做1次汇总。数据会集中到各县(区)的高切坡监测站。依据高切坡的规模，不同重点高切坡上会有一个或多个位移监测点。

(2)群测群防数据。群测群防数据是指群测群防员定期在高切坡现场进行观察获得的数据。政府鼓励居民自发地对高切坡进行巡查，目前组织专人对群测群防工作进行巡查，平均1个月巡查3次，并将信息汇总到当地高切坡监测站。群测群防巡查一般会对高切坡的形态、排水、变形、周边工程活动等情况进行观察、记录和评估，是目前高切坡安全的主要评估依据。

(3)网络众源数据。网络众源数据是指从公有网络上获取的与高切坡安全相关的数据，如降雨等气象数据、库水位数据等。这些数据会被应用到高切坡智能预测与评估研究中。

2.3 数据存储

三峡工程湖北库区移民安置区4个县(区)高切坡静态基础数据、动态实时数据和智能预测结果数据的存储采用原始数据库、运行数据库和成果数据库3层存储模式。原始数据库采用目录存储的方式，分类存储4个县(区)收集到的所有高切坡基础数据和监测数据，这些数据一旦存储，除非需要对早期原始数据进行追索或核查，一般不会被频繁读取。运行数据库时采用关系型数据库与NoSQL相结合的方式对原始数据库中的数据进行标准化处理，并将处理后的数据库作为日常访问、提取的主要操作数据库。成果数据库存储智能评估的结果数据。

三峡工程湖北库区高切坡智能管控项目计划收集湖北省宜昌市夷陵区、秭归县、兴山县及恩施土家族苗族自治州巴东县4个县(区)高切坡的静态数据和动态数据，对收集到的原始数据进行归类整理，分别存放在4个县(区)的文件目录中，并附数据说明文件以方便查阅。动态数据目录分为群测群防数据和专业监测数据，静态数据目录依据各个高切坡的唯一编号和名称进行进一步细分。原始数据存储的目录结构见图2-2。运行数据库存储的数据包括地质背景数据、专业监测数据、群测群防数据、专业特征数据和网络众源数据。成果数据库主要记录高切坡各个期次的定时、按需、阈值、安全性等智能预测与评估结果。

地质背景数据、专业监测数据和群测群防数据可以直接从三峡库区已建成的监测预警系统中调用。其中地质背景数据包括地质背景基本信息表、高切坡地层数据表、高切坡地质

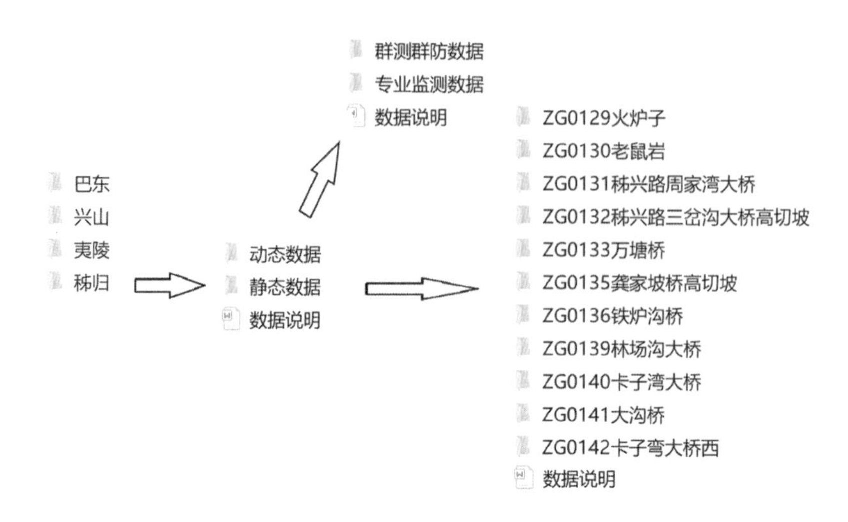

图 2-2　原始数据存储目录结构

代号表、高切坡岩性数据表、区域地质灾害背景信息表、高切坡基础资料表和高切坡点数据表。专业监测数据包括高切坡监测信息表、监测点信息表、专业监测数据表等。群测群防数据包括高切坡防护工程措施信息表、高切坡防护工程措施详情表、群测群防宏观巡查信息表、群测群防监测信息表和群测群防数据核校表等。

依据智能预测需求，同时考虑系统的扩充性，在专业特征数据和网络众源数据的基础上，增补了部分监测数据表。

2.3.1　增补的监测数据表

增补的监测数据表见表 2-1～表 2-5。

表 2-1　声发射监测数据记录表

数据库名称：高切坡				数据表名称：声发射监测数据记录表(SFSJLB)									
序号	字段名称	字段名	类型	长度	小数	单位	必填	空值	缺省值	最大值	最小值	约束	备注
1	高切坡编号	gqp number	V	20			必填	非空					
2	孔位名称	hole name	V	20			不必	空值					
3	监测时间	monitoring time	DATE				必填	非空					
4	大事件	major event	N	40			不必	空值					
5	总时间	total time	N	40			不必	空值					
6	能率	energy rate	N	40			不必	空值					
主键定义：gqp number+monitoring time													

表 2-2 分布式光纤监测数据记录表

数据库名称:高切坡				数据表名称:分布式光纤监测数据记录表(FBSGXJLB)									
序号	字段名称	字段名	类型	长度	小数	单位	必填	空值	缺省值	最大值	最小值	约束	备注
1	高切坡编号	gqp number	V	20			必填	非空					
2	监测点编号	monitoring number	V	20			必填	非空					
3	监测时间	monitoring time	DATE				必填	非空					
4	测点应力	point stress	N	40		N/m^2	不必	空值					
5	测点应变	point strain	V	200			不必	空值					
主键定义:monitoring number+monitoring time													

表 2-3 锚杆应变计监测数据记录表

数据库名称:高切坡				数据表名称:锚杆应变计监测数据记录表(MGYBJLB)									
序号	字段名称	字段名	类型	长度	小数	单位	必填	空值	缺省值	最大值	最小值	约束	备注
1	高切坡编号	gqp number	V	20			必填	非空					
2	监测点编号	monitoring number	V	20			必填	非空					
3	监测时间	monitoring time	DATE				必填	非空					
4	测孔编号	hole number	V	20			必填	非空					
5	应变读数	strain readings	N	40			不必	空值					
主键定义:gqp number+monitoring number+monitoring time+hole number													

表 2-4 地下水监测数据记录表

数据库名称:高切坡				数据表名称:地下水监测数据记录表(DXSJLB)									
序号	字段名称	字段名	类型	长度	小数	单位	必填	空值	缺省值	最大值	最小值	约束	备注
1	高切坡编号	gqp number	V	20			必填	非空					
2	测孔编号	hole number	V	20			必填	非空					
3	监测时间	monitoring time	DATE				不必	空值					
4	水位读数	water reading	N	40		mm	不必	空值					
主键定义:gqp number+hole number+monitoring time													

表 2-5 多点位移计监测数据记录表

数据库名称:高切坡				数据表名称:多点位移计监测数据记录表(DDWYJLB)									
序号	字段名称	字段名	类型	长度	小数	单位	必填	空值	缺省值	最大值	最小值	约束	备注
1	高切坡编号	gqp number	V	20			必填	非空					
2	测孔编号	hole number	V	20			必填	非空					
3	监测点编号	monitoring number	V	20			必填	非空					
4	监测时间	monitoring time	DATE				必填	非空					
5	位移读数	displacement reading	N	40		mm	不必	空值					
主键定义:gqp number+monitoring number+hole number+monitoring time													

2.3.2 专业特征数据表

专业特征数据表见表 2-6~表 2-14。

表 2-6 三峡工程湖北库区高切坡概况统计表

数据库名称:高切坡				数据表名称:三峡工程湖北库区高切坡概况统计表(GQPTZ_GKTJB)									
序号	字段名称	字段名	类型	长度	小数	单位	必填	空值	缺省值	最大值	最小值	约束	备注
1	生成时间	generated time	DATE	20			必填	非空					
2	范围	with scope	V	20			必填	非空					
3	高切坡数量	gqp quantity	N	4									
4	主要监测手段	monitoring method	V	100									
5	群测群防数量	defense quantity	N	4									
6	专业监测数量	professional quantity	N	4									
7	有变形迹象数量	deformation signs	N	4									
8	建议重点关注对象数量	focus object	N	4									
9	宜昌夷陵区重点关注数量	YC focus	N	4									
10	秭归县重点关注数量	ZG focus	N	4									
11	兴山县重点关注数量	XS focus	N	4									
12	巴东县重点关注数量	BD focus	N	4									
主键定义:generated time													

表 2-7 高切坡县/区统计表

数据库名称:高切坡				数据表名称:高切坡县/区统计表(GQPTZ_XQTJB)									
序号	字段名称	字段名	类型	长度	小数	单位	必填	空值	缺省值	最大值	最小值	约束	备注
1	生成时间	generated time	DATE	20			必填	非空					
2	县(区)名称	county name	V	20			必填	非空					
3	高切坡数量	gqp quantity	N	4									
4	主要监测手段	monitoring method	V	100									
5	群测群防数量	defense quantity	N	4									
6	专业检测数量	professional quantity	N	4									
7	有变形迹象数量	deformation signs	N	4									
8	建议重点关注对象数量	focus object	N	4									
主键定义:county name													

表 2-8 高切坡概况信息表

数据库名称:高切坡				数据表名称:高切坡概况信息表(GQPTZ_GKXXB)									
序号	字段名称	字段名	类型	长度	小数	单位	必填	空值	缺省值	最大值	最小值	约束	备注
1	生成时间	generated time	DATE	20			必填	非空					
2	高切坡编号	gqp number	V	20			必填	非空					
3	高切坡名称	gqp name	V	40			必填	非空					
4	位置	the location	V	50									
5	最大坡高	max height	N	8	2	m							
6	坡面面积	slope area	N	8	2	m^2							
7	防治措施	controlling measure	V	100									
8	安全等级	security level	V	10									
9	有无变形迹象	with deformation	V	2									
10	本次预测结果	predict outcome	V	100									
主键定义:gqp number+gqp name													

表 2-9 高切坡基本信息表

数据库名称:高切坡				数据表名称:高切坡基本信息表(GQPTZ_JBXXB)									
序号	字段名称	字段名	类型	长度	小数	单位	必填	空值	缺省值	最大值	最小值	约束	备注
1	生成时间	generated time	DATE	20			必填	非空					
2	高切坡编号	gqp number	V	20			必填	非空					
3	高切坡名称	gqp name	V	200			必填	非空					
4	位置	the location	V	200									
5	经度坐标	longitude coordinates	V	40									
6	纬度坐标	latitude coordinates	V	40									
7	边坡类型	slope type	V	40									
8	介质类型	medium type	V	40									
9	坡长	the length	N	20		m							
10	平均坡高	average height	N	20		m							
11	最大坡高	max height	N	20		m							
12	平均坡角	average angle	N	20		(°)							
13	最大坡角	max angle	N	20		(°)							
14	走向	move towards	V	20									
15	倾向	tendency	V	20									
16	主要成分	bases	V	40									
17	坡面面积	slope area	N	20		m^2							
18	坡脚高程	slope elevation	N	20		m							
19	坡顶高程	crest elevation	N	20		m							
20	地震烈度	seismic intensity	V	20									
21	人类工程活动	human activities	V	1000									
22	岩体结构类型	rock type	V	40									
21	裂隙填充物	fissure filling	V	40									
22	坡向	slope exposure	V	40									
主键定义:gqp number+gqp name													

表 2-10　高切坡变形破坏模式表

数据库名称:高切坡				数据表名称:高切坡变形破坏模式表(GQPTZ_BXPHMSB)									
序号	字段名称	字段名	类型	长度	小数	单位	必填	空值	缺省值	最大值	最小值	约束	备注
1	生成时间	generated time	DATE	20			必填	非空					
2	高切坡编号	gqp number	V	20			必填	非空					
3	高切坡名称	gqp name	V	200									
4	已发生变形破坏	deformation fracture	V	40									
5	预测变形破坏模式	failure mode	V	40									
6	防治措施	controlling measure	V	200									
7	安全等级	security level	V	20									
23	主要危害对象	hazard object	V	100									
主键定义:gqp number+gqp name													

表 2-11　岩层数据表

数据库名称:高切坡				数据表名称:岩层数据表(GQPTZ_YCSJB)									
序号	字段名称	字段名	类型	长度	小数	单位	必填	空值	缺省值	最大值	最小值	约束	备注
1	生成时间	generated time	DATE	20			必填	非空					
2	高切坡编号	gqp number	V	20			必填	非空					
3	高切坡名称	gqp name	V	200									
4	有无断层	with fault	V	5									
5	有无裂隙	with fracture	V	5									
6	岩层倾向	rock tendency	V	20									
7	岩层倾角	rock dip	V	10									
9	破碎程度	crush degree	V	20									
10	主体风化程度	weathering degree	V	40									
主键定义:gqp number+gqp name													

表 2-12 物理力学参数表

数据库名称:高切坡				数据表名称:物理力学参数表(GQPTZ_WLXCSB)									
序号	字段名称	字段名	类型	长度	小数	单位	必填	空值	缺省值	最大值	最小值	约束	备注
1	生成时间	generated time	DATE	20			必填	非空					
2	高切坡编号	gqp number	V	20			必填	非空					
3	高切坡名称	gqp name	V	200									
4	含水率	moisture content	N	10		%							
5	天然密度	natural density	N	10		g/cm^3							
6	岩石黏聚力 c	cohesive force	N	10		kPa							
7	岩石内摩擦角 φ	friction angle	N	10		(°)							
8	变形模量	deformation modulus	N	10		GPa							
9	泊松比	poisson ratio	N	10									
10	地基承载力标准值	bearing capacity	N	10		MPa							
11	重度	unit weight	N	10		kN/m^3							
12	压缩模量	compression modulus	N	10		MPa							
13	抗压强度	compressive strength	N	10		MPa							
14	渗透系数	osmotic coefficient	N	10		cm/s							
15	基底摩擦系数	base friction	N	10									
16	软化系数	softening coefficient	N	10									
17	结构面黏聚力	structural cohesion	N	10		kPa							
18	结构面内摩擦角	structural friction	N	10		(°)							
19	层面黏聚力	laminar cohesion	N	10		kPa							
20	层面内摩擦角	friction angle	N	10		(°)							
主键定义:gqp number+gqp name													

表 2-13 文档数据记录表

数据库名称:原始库				数据表名称:文档数据记录表(WDJLB)									
序号	字段名称	字段名	类型	长度	小数	单位	必填	空值	缺省值	最大值	最小值	约束	备注
1	文档编号	document number	N	38			必填	非空					自增
2	文档版本	document version	N	10			不必	非空					
3	文档标题	document title	V	250			不必	空值					
4	关键字	key word	V	250			不必	空值					
5	文档摘要	document summary	V	2048			不必	空值					
6	文档内容	document content	CLOB				不必	空值					
7	文档位置	document location	N	20			必填	非空					WJBH
8	文档类型	document type	V	20			不必	空值					
9	文档作者	document writer	V	250			不必	空值					
10	作者单位	author unit	V	250			不必	空值					
11	资源位置	resource location	V	250			不必	空值					
12	添加时间	add time	D	128			不必	空值					
13	修改时间	modification time	D	128			不必	空值					
14	文档标签	document tag	V	200			不必	空值					
主键定义:document number													

表 2-14 原始文件记录表

数据库名称:原始库				数据表名称:原始文件记录表(YSWJJLB)									
序号	字段名称	字段名	类型	长度	小数	单位	必填	空值	缺省值	最大值	最小值	约束	备注
1	文件编号	document number	V	20			必填	非空					自增
2	文件版本	document version	N	10			不必	非空					
3	文件名称	document name	V	250			不必	空值					
4	文件内容	document content	B				不必	空值					
主键定义:document number													

2.3.3 网络众源数据表

网络众源数据表见表 2-15 和表 2-16。

表 2-15　气象数据表

数据库名称:高切坡				数据表名称:气象数据表(QXSJB)								
序号	字段名称	字段名	类型	长度	小数	单位	必填	空值	缺省值	最大值	最小值	约束
1	ID	ID	N				必填					
2	省份	province	V	20			不必					
3	站点 ID	site ID	V	20			不必					
4	站点名称	site name	V	20			必填					
5	站点坐标	site coordinate	V	20			不必					
6	上传时间	upload time	DATE				必填					
7	最低气温	min temperature	N	20		℃	不必					
8	平均气温	average temperature	N	20		℃	不必					
9	最高气温	max temperature	N	20		℃	不必					
10	降雨量	rainfall capacity	N	20		mm	不必					
11	最低气压	min air - pressure	N	20		hPa	不必					
12	平均气压	average air - pressure	N	20		hPa	不必					
13	最高气压	max air - pressure	N	20		hPa	不必					
14	海平面气压	sea - level pressure	N	20		hPa	不必					
15	平均风速	average wind - speed	N	20		m/s	不必					
16	最大风速	max wind - speed	N	20		m/s	不必					
17	极大风速	extreme wind - speed	N	20		m/s	不必					
18	最大风速的方向	max wind - direction	N	20			不必					
19	极大风速的方向	extreme wind - direction	N	20			不必					
20	最小相对湿度	min humidity	N	20		%	不必					
21	平均相对湿度	average humidity	N	20		%	不必					
22	水气压	water - vapor pressure	N	20		hPa	不必					
主键定义:ID												

表 2－16　库水位数据表

数据库名称:高切坡				数据表名称:库水位数据表(KSWSJB)									
序号	字段名称	字段名	类型	长度	小数	单位	必填	空值	缺省值	最大值	最小值	约束	备注
1	id	ID	N				必填						
2	观测站名称	observatory name	V	20			必填						
3	上传时间	upload time	DATE				必填						
4	水库水位	reservoir level	N	7	2	m	必填						
5	入库流量	a flow	N	15	2	m^3/s	不必						
6	出库流量	outbound traffic	N	15	2	m^3/s	不必						
主键定义:ID													

3 泛结构化数据管理与分析系统

3.1 泛结构化数据管理系统整体结构

3.1.1 系统管理体系结构

泛结构化数据分为结构化数据和非结构化数据，在数据服务方面，包括原始数据录入查询服务、文本数据录入查询服务、图形数据录入查询服务、图像数据录入查询服务、网络众源数据录入查询服务以及特征数据录入查询服务等，并且对外提供统一的数据访问接口；在数据存储方面，结构化数据存储在 Oracle 数据库中，非结构化数据存储在 Hadoop 分布式文件系统（Hadoop Distributed File System，HDFS）中；在数据计算方面，通过运算集群进行相关的数据计算。非结构化数据采用 Beam/Apex/Spark 分布式计算集群加快相关数据计算操作；同时采用多级缓存、键值查找、倒排索引以及 B 树索引的方法，加快数据调度；除此之外，实现了数据的延迟调度算法，使任务以较高的性能执行。系统管理体系结构见图 3－1。

Beam、Apex 和 Spark 整体相似，本书以 Spark 计算平台为例对系统调度体系涉及的关键核心技术进行说明。

在 Spark 中，弹性分布式数据集（Resilient Distributed Datasets，RDD）是分布式海量数据集的抽象表达，用以表示 Spark 应用在数据处理过程中所产生的分布存储于多个计算节点的数据。每个计算节点保存 RDD 的一部分，称为 RDD 分片。在一个 Spark 应用中，根据计算逻辑的不同，可以存在一个或多个作业。阶段间的数据传输操作称为 Shuffle，Shuffle 是指对数据进行传输和混洗。

一个 Spark 阶段内部包含多个任务，可并行处理 RDD 数据。依据任务所处的阶段，Spark 将任务划分为初始数据任务和中间数据任务。其中，初始数据任务对应初始阶段的任务，中间数据任务对应中间及最终阶段的任务。中间数据任务的共性特征是它们处理的均为前继阶段产生的中间结果 RDD，且数据分布于各个计算节点。

在集群中运行 Spark 应用时，每个计算节点为同一个应用提供一个执行器以运行任务。在 Spark 里，每一个操作生成一个 RDD，在 RDD 之间连一条边，最后这些 RDD 和它们之间的边组成一个有向无环图（Directed Acyclic Graph，DAG）。然后 DAG 调度器（DAGScheduler）

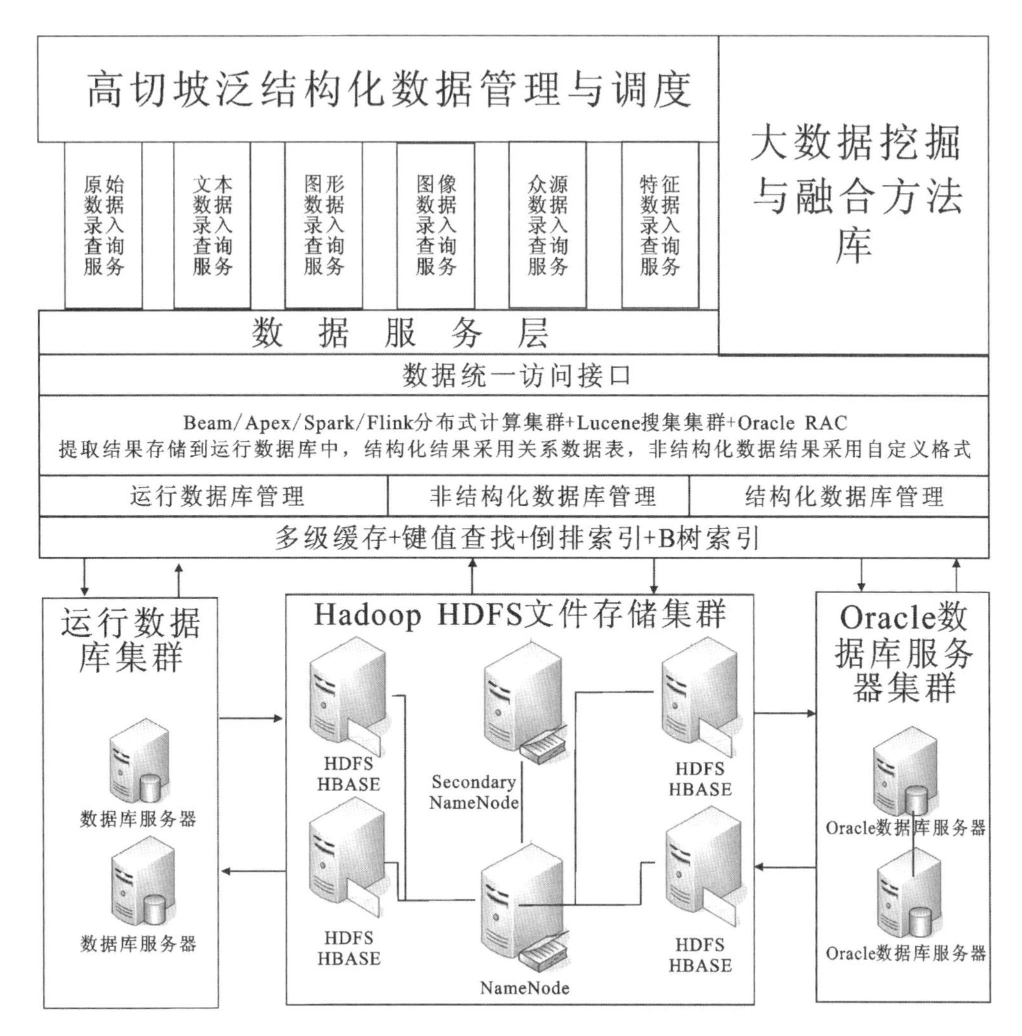

图 3-1 系统管理体系结构

根据 RDD 之间的依赖关系将 DAG 图划分为若干个阶段(Stage),划分的原则是将宽依赖关系间的 RDD 划分在不同的阶段中,而将窄依赖关系间的 RDD 划分在同一个阶段中。DAG 调度器将一个 DAG 划分成若干个子图,每个子图对应一个阶段,每个阶段中包含若干 RDD,而每个 RDD 又由若干个分区组成,其中每个分区上的数据与计算又对应着任务(Task)。所以,一个阶段可视为一组任务,即任务集(Taskset)。DAG 调度器以任务集(Taskset)的形式向任务调度器提交每个阶段,由任务调度器在物理层面实现对 Spark 作业的执行。任务调度器借助集群管理器(Cluster Manager)为每一个任务的执行申请系统资源,并在工作节点(Worker Node)上创建执行器(Executor)以执行任务,见图 3-2。

由图 3-3 所示的 Apache Spark 平台架构图可知,Spark 采用 Master/Slave 的主从架构,主节点称为 Master,是集群的资源管理者和调度者,与 YARN(Yet Another Resource Negotiafor)模式中的资源管理器(ResourceManager)类似,并负责整个集群运行情况的监控;从节点即 Slave,在 Spark 中称为 Worker 节点,主要用于运行集群中提交的应用程序,通

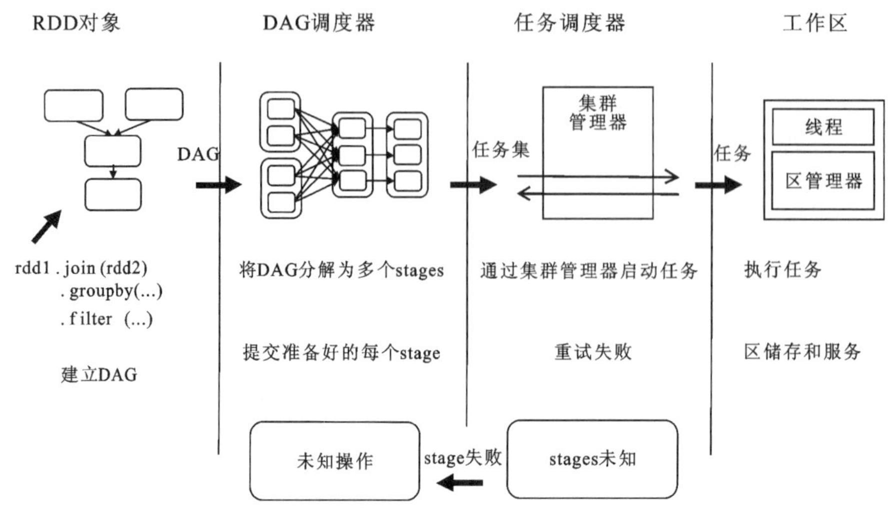

图 3-2　Spark 作业调度流程图

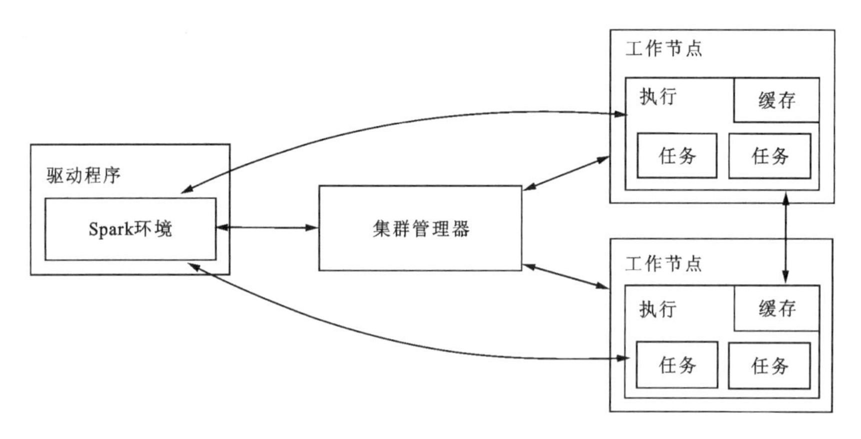

图 3-3　Apache Spark 平台架构图

过启动执行器进程来负责具体的计算任务。

本项目 Spark 集群采用独立模式(Standalone 模式),其他两种方式分别为分布式资源管理器(Mesos)及 YARN 模式,区别主要是资源调度管理方式不同,独立模式采用 Spark 自带的资源调度方式,其他两种方式分别对应 Mesos 及 YARN 进行资源调度。

任务调度的目标是将任务合理地调度到集群中的各个节点上,从而缩短所有任务的总执行时间。现阶段 Spark 采用延迟调度的方法对中间数据任务进行调度。本项目沿用了 Spark 平台中的调度方法,对泛结构化数据进行高效调度。延迟调度的核心思想是尽量将任务以较高的本地性执行,当前节点无法满足较高本地性处理时可进行等待,直到等待时间超过阈值,再降低本地性以调度执行。

在 Spark 中,本地性的高低主要分为以下几种:若任务与其输入数据在同一个 Java 虚拟机(Java Virtual Machine,JVM)中,称任务的本地性为 PROCESS_LOCAL,这种本地性(Locality Level)是最优的,避免了网络传输及文件输入/输出(IO),速度是最快的;其次是任务与输入数据在同一节点上的 NODE_LOCAL(数据采用 NO_PREF),数据与任务在同一机架不同节点的 RACK_LOCAL 以及不在同一机架的 ANY。对于任务来说,本地性越好,用于网络传输及文件 IO 的时间越少,整个任务执行耗时也就越少。而对于很多任务来说,执行任务的时间往往会比网络传输及文件 IO 的耗时要短得多。因此,Spark 采用延迟调度的策略,尽量以更优的本地性启动任务。

具体执行流程为:当有空闲的执行器到达时,采用轮询的方式,调度器依据任务的数据本地性由高到低循环该执行器所在节点的各等待队列,判断其中是否还有待执行的任务,若当前执行器对应的较高优先级的等待列表中没有待执行的任务,则降低本地性等级,遍历下一级列表。Spark 允许用户为任务设置各级等待列表最大等待阈值,若当前循环到的列表中仍有等待执行的任务,则首先判断该任务等待当前偏好执行器的时间是否超过给定阈值,若等待时间未超过阈值,则在当前执行器上启动该任务;若等待时间超过设置的阈值,则跳过该层循环,以较低的本地性等级循环下一级列表,直到找到合适的任务,调度到该执行器上启动,其延迟调度流程见图 3-4。

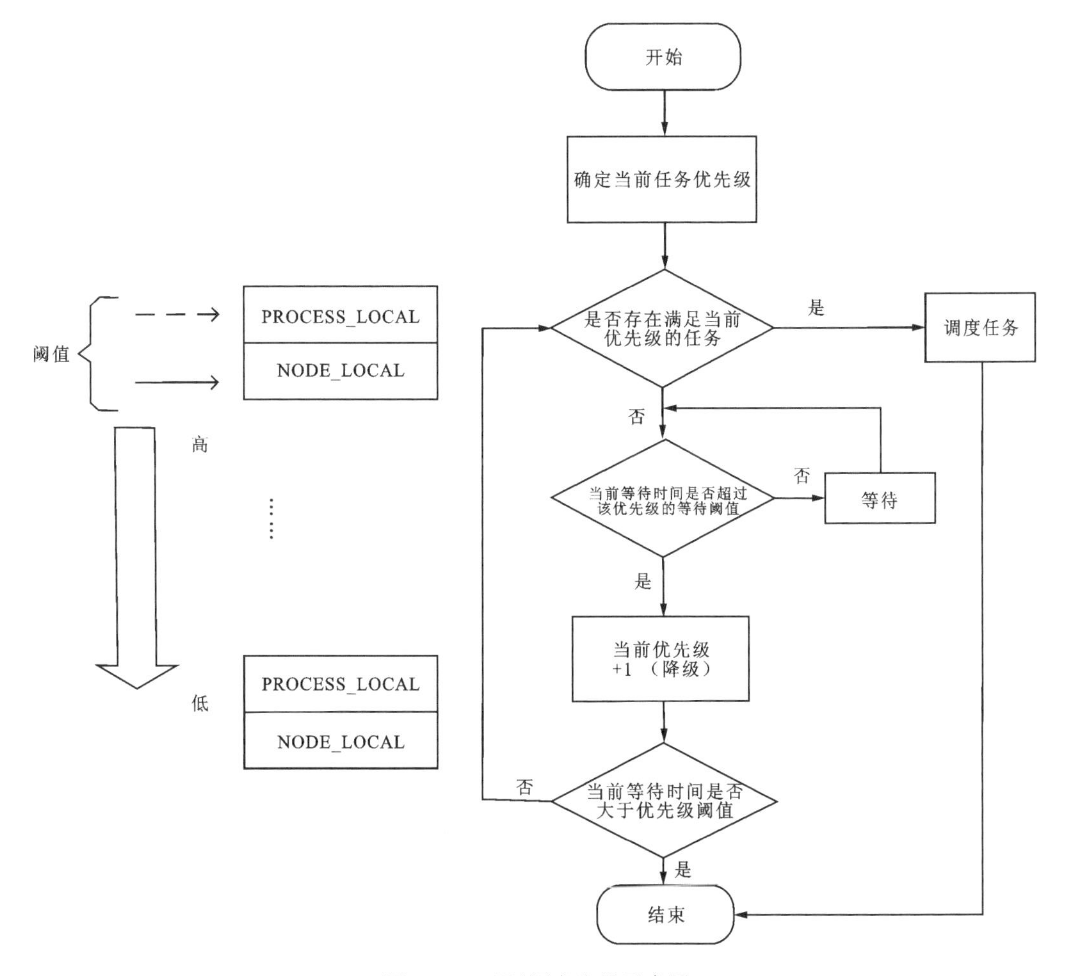

图 3-4 延迟调度流程示意图

除此之外，在任务调度方面，本项目为跨应用程序以及在应用程序内调度提供不同方式。

对于跨应用程序调度，在集群上运行时，每个 Spark 应用程序都会获得一组独立的执行器 JVM，它们仅运行该应用程序的任务并存储数据，所有集群管理器上可用的最简单的选项是资源的静态分区。使用这种方法，将为每个应用程序提供可以使用的最大资源量，并在整个过程中保留这些资源。这是在 Spark 的独立模式和 YARN 模式以及粗粒度的 Mesos 模式中使用的方法。另外，Spark 提供了一种机制，可以根据工作负载动态调整应用程序占用的资源。这意味着，如果不再使用资源，应用程序可以将资源返还给群集，并在以后有需求时再次请求它们。在默认情况下，本功能是没有开启的，只有当应用场景为多个应用程序共享 Spark 集群中的资源时，此功能才有效。

在给定的 Spark 应用程序（SparkContext 实例）中，如果多个并行作业是从单独的线程提交的，则它们可以同时运行。Spark 的调度程序是线程安全的，并支持此用例，能处理多个请求（例如针对多个用户的查询）的应用程序。

默认情况下，Spark 的调度程序以先入先出队列（First in First out，FIFO）方式运行作业。每个作业都分为“Stage”（例如 map 和 reduce 阶段），第一个作业在所有可用资源上都具有优先级，而其各个阶段都有要启动的任务，接着第二个作业也具有优先级，以此类推。队列不需要使用整个集群，后面的作业可以立即开始运行，但是如果队列开头的作业很多，那么后面的作业时间可能会大大延迟。

本集群还可以配置作业之间的公平共享。在公平共享下，Spark 以循环方式在作业之间分配任务，以便所有作业都获得大致相等的群集资源份额。这意味着在运行长作业时提交的短作业可以立即开始接收资源，并且仍然获得良好的响应时间，而无须等待长作业完成。此模式最适合多用户设置。

公平调度程序还支持将作业分组到池中，并为每个池设置不同的调度选项（例如权重）。这对于创建用于更重要的作业的“高优先级”池或将每个用户的作业分组在一起并为用户提供相等的份额（而不是给作业相等的份额）很有用。该方法以 HDFS 为模型。

3.1.2 数据服务协议与架构

为了适应项目多平台多系统一体化集成访问的需求，本项目基于 Web Service 数据发布技术和 JS 对象简谱（Java Script Object Notation，JSON）数据承载标准实现了一种数据服务协议标准。

Web Service 是一种轻量级的与操作系统平台无关的网络应用层通信技术。它能使得运行在不同机器上的不同应用无须借助附加的、专门的第三方软件或硬件，就可相互交换数据或集成，被广泛应用于互联网应用的各种场景，尤其是在数据服务方面，它的使用可以大大降低开发难度并缩短开发周期。

Web Service 是自描述、自包含的可用网络模块，可以执行具体的业务功能。因此，在依据 Web Service 规范实施的应用之间，无论它们所使用的语言、平台或内部协议是什么，都可以相互交换数据。这使得各个应用模块和数据基础服务平台之间形成了一种低耦合访问关系，大大降低了系统集成以及跨平台数据解析的难度。

随着互联网技术的高速发展，Web Service 的具体实现框架也层出不穷，但从宏观实现上来看，主流的架构风格只有表示性状态传输(Representational State Transfer，REST)和远程过程调用(Remote Procedure Call，RPC)两种。

RPC 即远程过程调用，是一种服务架构风格，最早起源于分布式程序设计。在 RPC 架构风格中，服务器被看作一个过程的集合或者容器，客户端通过网络便可以像执行本地程序一样调用远程服务器中的方法。在 Web Service 设计中，面向服务架构(Service Oriented Architecture，SOA)是最典型的一种 RPC 风格架构，其消息模型见图 3－5。

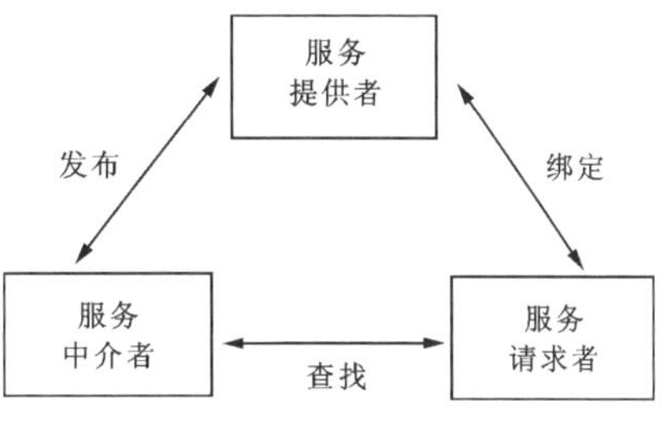

图 3－5　消息模型

REST 可以被称作表示性状态传输，见图 3－6，在 REST 架构中，所有数据或者程序均被抽象成资源，每个资源都被分配唯一的标识符即统一资源标识符(Uniform Resource Identifier，URI)，客户端通过统一的接口访问服务器中的所有资源。

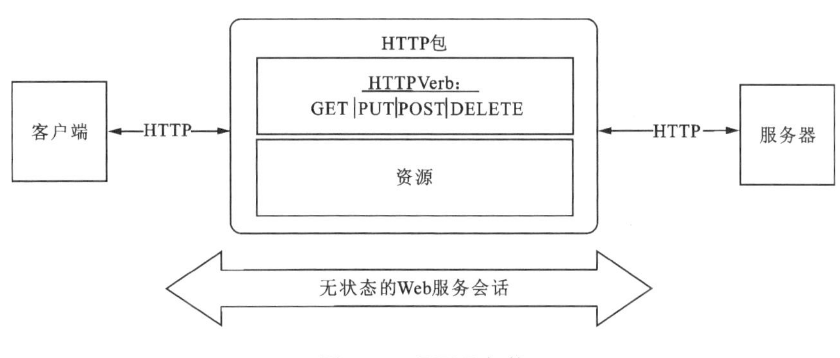

图 3－6　REST 架构

3.2　结构化数据的管理与调度

3.2.1　高切坡监测数据的管理与调度

高切坡监测数据包括与高切坡监测系统对接的高切坡基础资料数据、高切坡群测群防数据和高切坡专业检测数据，分为 23 张数据表，包括静态数据(表示高切坡属性的数据)与动态数据(监测数据)。这些数据表存放在 Oracle 中，在 Oracle 数据库服务器集群上存储与调度，表里的数据通过 Excel 数据模板导入，也可以通过 VPN 网络实时接入。

为了实现数据库系统的兼容性，数据表的数据类型只采用 V、N、B 数据类型。其中 V 表示可变长字符，N 表示双精度浮点数，B 表示二进制对象大字段 BLOB。在 Oracle 中，V 表示 VARCHAR2，N 表示 NUMBER，默认为 NUMBER(38)。日期数据类型为 V(11)，其格式为 YYYY-MM-DD；时间型数据类型为 V(20)或 V(24)，其格式为 YYYY-MM-DD HH:mm:ss 或 YYYY-MM-DD HH:mm:ss xxx，默认为 V(24)。布尔数据类型默认为 V(6)，可以用“真”“假”，“T”“F”，“TRUE”“FALSE”等表示，默认为 V(6)。

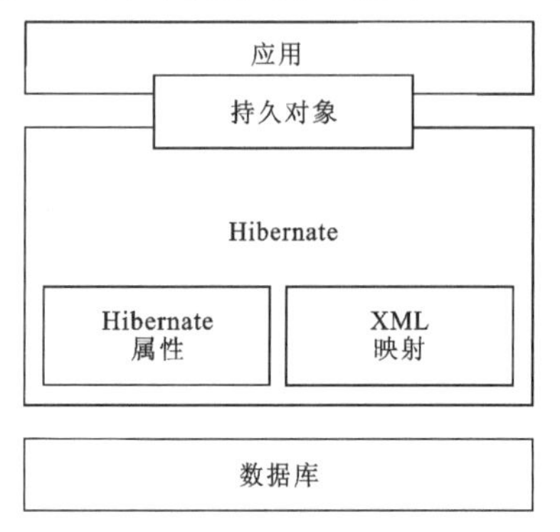

图 3-7 Hibernate 的体系结构

本系统为高切坡监测数据的管理提供了数据录入、删除、更改和查询接口，均通过 MVC 框架(Model View Controller，MVC)的思想进行接口和前后端设计。对结构化数据和非结构化数据进行统一管理调度的过程为：针对结构化数据，采用全自动的 ORM 框架(Object Reiational Mapping，ORM)对数据库进行封装；采用对象关系映射框架(Hibernate)对数据库进行映射，根据业务要求和实际数据情况生成对应属性和映射文件，能保证数据对象与实际运用场景中的数据特点相符合，这一框架能在开发过程中将数据与操作分离，简化数据操作过程，使得用户可以访问期望数据，而不必理解数据库的底层结构；采用 Hibernate 建立持久对象，保证输入数据库中的数据符合数据规范(图 3-7)。

JSP 是 MVC 模式里的 V(视图层，用来做展示)，Servlet 是 C(控制层，是系统的核心控制器)，Service 中还有 DAO，是 M(模型层，用来跟数据库交互)。JSP 发送 JSON 数据到 Servlet，Servlet 收到后作解析，根据 Hibernate 模型生成对应的持久化数据对象，再根据数据和操作要求调用相应的 Service 服务，Service 与数据库交互，返回结果给 Servlet，Servlet 再返回给 JSP，进而实现整个数据操作流程(图 3-8)。

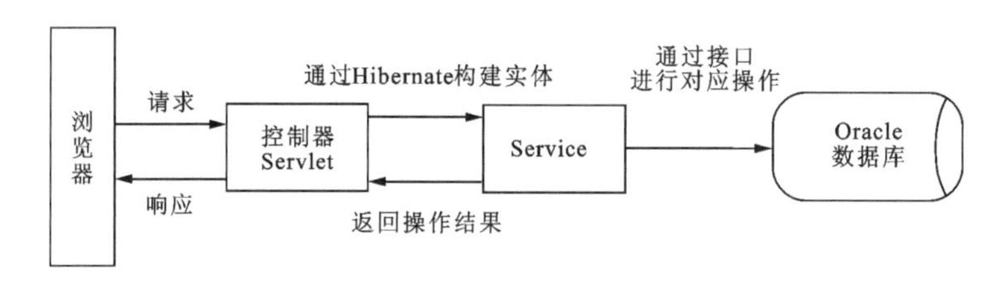

图 3-8 数据操作流程

为了对结构化数据与非结构化数据进行统一组织和管理，将采用键值对型(非关系型)数据库进行存储管理。键值约定为：高切坡编号+文档编号+结果名称；内容为：数字、字符串或二进制对象。此处需要对数据进行通用的序列化操作，将数据转化为通用的二进制对象，同时采用倒排索引以及键值对的方法，加快数据的调度。

泛结构化数据访问接口包括对结构化数据与非结构化数据的访问，设计泛结构化数据接口目的是简化数据访问过程，帮助用户正确选择数据访问方式，同时通过构建索引、设计新的查询语言处理器，提高泛结构化数据访问的效率、稳定性和可维护性。

系统建立后，用户通过接口传递符合协议的 JSON 字符串即可进行数据操作，无须关注底层数据如何调度，从而简化流程，为后续分析提供数据基础。数据新增、查询、导入、导出界面见图 3-9。

图 3-9 数据新增、查询、导入、导出界面

3.2.2 高切坡相关网络众源数据的管理与调度

网络爬虫技术是互联网搜索功能中的一项基本技术，在我国最成功的应用就是百度搜索引擎，通过一传十、十传百的裂变搜索方式实现信息的网状获取。该技术的优点在于信息获取速度快、内容全。因此，项目组引入网络爬虫技术获取高切坡相关网络众源数据，并按照一定的预设关键词、地域、时间等阈值进行自动识别，抓取气象、水文、库水位等相关信息。通过网络爬虫技术中通用的 Scrapy 爬取方式，可以同时发送多条爬取请求，同步进行信息爬取，提高爬取效率。

由于爬取的数据并非都是描述气象、水文以及库水位等的数据，需要采用文本分类技术，将含有上述关键词的文本识别出来，对于获取的图像数据可以使用图像识别技术进行识别。同时，通过爬虫技术获取的文本信息以及图像存在大量失真、失效、无使用价值等问题，有些甚至是广告数据，为保证数据的可用性，需要对它们进行过滤筛选。如通过机器学习的方式，使用支持向量机(Support Vector Machine，SVM)模型进行数据分类与回归分析，以检测管理人员人工给定的多组高切坡相关网络众源数据为训练实例，将训练实例标记为有效和无效两类，通过不断学习，使 SVM 模型成为非概率的二元线性分类器。当出现新的实例时，SVM 模型将实测分为有效或无效中的一类。通过不断增加训练实例，形成正反馈机制，可不断优化筛选模型。对识别出的气象数据、水文数据、库水位数据，需要按文本信息以及图像信息分类整理保存下来。对于直接以数据表形式存在的数据，可以直接在数据库中建表导入；对于以文字信息存在的数据，可先进行特征提取。特征提取的主要功能就是在不损伤核心信息的情况下降低向量空间维数，简化计算，提高文本处理的速度和效率。

相对于其他分类问题，常见的文本特征提取方式有以下 4 种。

(1)用映射或变换的方法把原始特征变换为较少的新特征。

(2)从原始特征中挑选出一些最具代表性的特征。

(3)以专家知识为依据,挑选最有影响力的特征。

(4)基于数学方法进行选取,找出符合数学规律的特征。

其中基于数学方法进行特征选择的结果比较精确,人为干扰因素少,尤其适用于文本应用。这种方法首先通过构造评估函数,对特征集合中的每个特征进行评估,并对每个特征打分,这样每个词语都获得一个评估值(又称为权值);然后将所有特征按权值大小排序,提取预定数目的最优特征作为提取结果的特征子集,并将提取到的特征值以及文本信息的存放路径通过建表的方式导入数据库中。对于图像数据,按照图像的时间信息、图像类别(例如气象图像、水文图像、库水位图像)以及对应存放文件的文件路径进行分类,并以建表的方式导入数据库中。

3.3 非结构化数据的管理与调度

3.3.1 原始数据的管理与调度

对于原始数据的存储,有两种解决方案。

1. 采用 BLOB 方式全部存放在 Oracle 数据库中

BLOB 是 Oracle 包含的大型对象(LOB)类型中的一种,Oracle 内置的 LOB 数据类型 BLOB、CLOB、NCLOB(存储在内部)和 BFILE(存储在外部)可以存储大型非结构化数据,如文本、图像、视频和空间数据等,能够高效、随机、分段地访问和操作数据。BLOB、CLOB 和 NBLOB 的数据大小可以达到(232 - 1 字节,即 4GB - 1 字节) * (LOB 存储块参数的值)。如果数据库中的表空间是标准块大小,并且在创建 LOB 列时使用了 LOB 存储块参数的默认值,那么它所能存储的大小相当于(232 - 1 字节) * (数据库块大小)。BFILE 数据最多可以存储 264 - 1 字节,不过这个最大值一般会受到操作系统的限制。

CLOB 数据类型存储单字节和多字节字符数据,NCLOB 数据类型存储 UNICODE 类型的数据,两者均支持固定宽度和可变宽度的字符集。

BLOB 数据类型存储非结构化的二进制数据大对象,它可以被认为是没有字符集语义的比特流,一般是图像、声音、视频等文件。

BFILE 数据类型二进制文件被存储在数据库外的系统文件(只读的)中,数据库会将该文件当作二进制文件处理。

对比这 4 种数据类型,显然 CLOB、NCLOB 主要存储字节数据,而非结构化数据多为二进制数据,并不适合用这两种数据类型存储。BFILE 只支持读,不支持写,对文件的写需要在本地进行操作,同时关联数据库容易显示本地数据与数据库的不一致性。而 BLOB 的设计就是用来存储非结构化的二进制数据大对象的,能够很好地满足要求。

SQL BLOB 值在 Java 编程语言中的表示(映射):SQL BLOB 是一种内置类型,它将二进制大对象作为列值存储在数据库表的一行中。在默认情况下,驱动程序使用 SQL 定位器(BLO)实现 BLOB。

服务器在接收到用户传输过来的 JSON 数据后,需要解析其中的文件信息与文件,并通过 Base64 编码解析文件。解析完之后需要对不同的文件采用不同的方式进行数据提取以供后面的 Lucene 分词使用。由于数据库的文档数据记录表中的文档位置字段对应了原始文件记录表中的文件编号字段,是其外键,因此需要进行文件的存储。首先获取数据库连接,创建 BLOB 对象,将文件转换为 BLOB 二进制对象,通过 PrepareStatement 进行 SQL 组合,将数据插入原始文件记录表中,并获取其返回的自增主键;然后编写文档,记录数据,将文档位置添加到里面,生成 SQL 语句,并将 SQL 语句插入数据库。

2. 文档的描述信息存放在 Oracle 数据库中,文件的内容信息存放在 HDFS 上

HDFS,是 Hadoop Distributed File System 的简称,是 Hadoop 抽象文件系统的一种实现。Hadoop 抽象文件系统可以与本地系统、Amazon S3 等集成,甚至可以通过 Web 协议来操作。HDFS 的文件分布在集群机器上,同时提供副本进行容错及保证可靠性。例如客户端写入读取文件的直接操作都是分布在集群各个机器上的,没有单点性能压力。

它的主要设计目标有 3 个。

(1)存储非常大的文件。这里非常大指的是几百 MB、GB 甚至达到 TB 级别。实际应用中已有很多集群存储的数据达到 PB 级别。根据 Hadoop 官网,Yahoo! 的 Hadoop 集群约有 10 万颗 CPU,运行在 4 万个机器节点上。

(2)采用流式的数据访问方式。HDFS 基于这样的一个假设:最有效的数据处理模式是一次写入,多次读取。数据集经常从数据源生成或者拷贝一次,然后在其上做很多分析工作。分析工作经常读取其中的大部分数据。

(3)能够运行于商业硬件上。Hadoop 不需要运行于特别贵的机器上,可运行于普通商用机器(可以从多家供应商采购)上,商用机器不代表低端机器。在集群(尤其是大的集群)中,节点失败率是比较高的,HDFS 的目标是确保集群在节点失败的时候不会让用户感觉到明显的中断。

在大数据背景下,单纯使用数据库进行非结构化数据的管理可能会存在负载过高等问题,因此需要借助 HDFS 进行管理,但是如果只使用 HDFS 来进行数据存储,对数据的约束性和确定性较差,难以实现精准的操控。因此,在大数据的情形下,文档的描述信息存放于 Oracle 数据库中,文件的内容信息存放于 HDFS 上,即使用 Oracle 来存储部分数据,同时管理 HDFS 上的文件内容信息(图 3-10)。

非结构化数据的基本信息全部存储于关系型数据库中,通过"文档编号"或"文档标题"在 Oracle 数据库中找到对应的"文档位置""资源位置"或者"文档摘要"等信息,之后基于数据访问接口查找存储在 HDFS 中的相关数据。

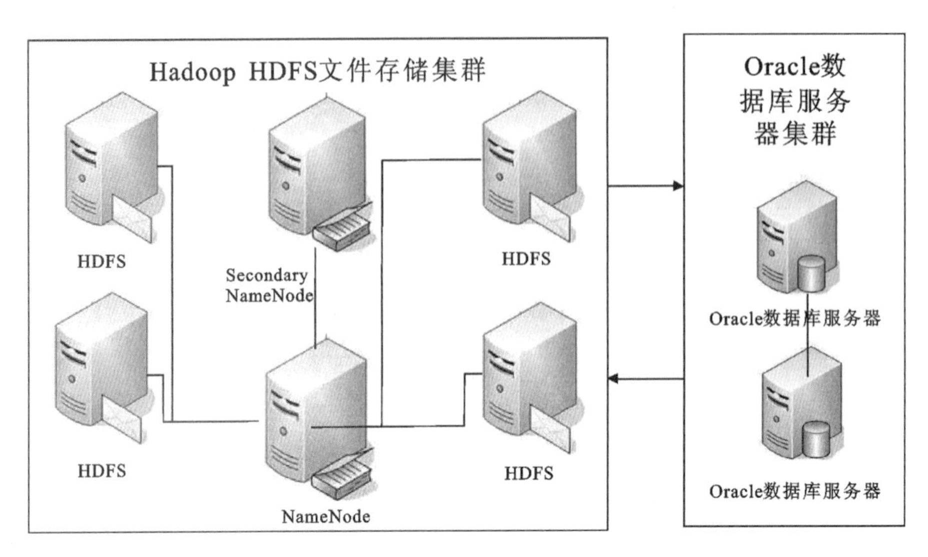

图 3-10　非结构化数据 Oracle 与 HDFS 交互存储方式

3.3.2　文本数据的管理与调度

为了实现非结构化文档基于关键词的检索功能，项目组设计了一套非结构化文本数据整体调度管理及查询检索方案，见图 3-11。

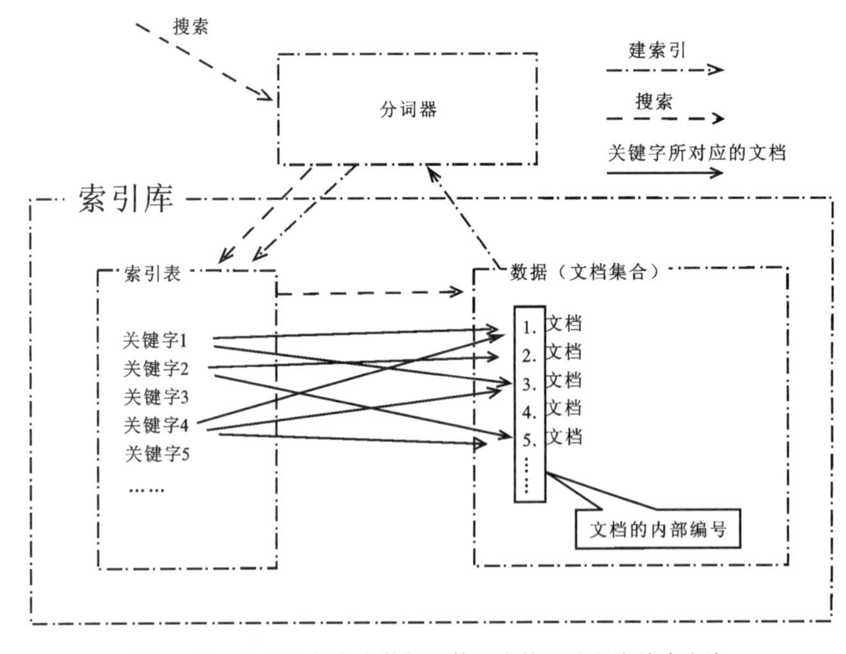

图 3-11　非结构化文本数据整体调度管理及查询检索方案

从图中可以看出，文档的存储入库需要经历分词和建立倒排索引两个过程，后续的查询检索功能全部是基于这些非结构化文本生成的倒排索引实现的。本项目文本数据管理方案基于 Lucene 框架来实现。Lucene 是一个开源的全文分词索引框架，是 Apache 基金会 Jakarta项目组的一个子项目，且在持续更新。

1. 文本分析

信息检索的过程大多数是通过查找文本对象的属性来实现的，而这些文本对象的属性或者特征在很多情况下并非一开始就是被组织好的，因此在建立索引前就需要对文本对象的特征进行提取。这个信息提取的过程也可以叫作文本分析，而对文本的分析在很大程度上是一种对语言的处理。在 Lucene 中，文本分析过程主要是先对文本进行分词，然后将拆分的词语过滤提取并将它们作为文本的属性存储，所以 Lucene 的标准分析器由分词器和过滤器 2 个部分组成。

分词是将连续的文本拆分成多个独立的词或字。过滤就是对拆分成的一个个单词加工处理。对单词加工处理可以有很多种方式，常见的有大小写转换、无意义单词剔除、同义词转换等。

如图 3－12 所示，Lucene 的文本分析功能相关类被封装在 org. apache. lucene. analysis 包中，其中分词器被定义成 Analyzer 类，分词器和过滤器分别被定义成 Tokenizer 类和 TokenFilter 类。在 Lucene 的 org. apache. lucene. analysis 包中有大量的原生分词器，都是通过 JavaCC 工具生成的。常用的过滤器也有很多，如 StandardFilter、LowerCaseFilter、StopFilter、LengthFilter 等。以 Tokenizer 类和 TokenFilter 类为基类，用户也可以自定义开发一些分词器和过滤器。

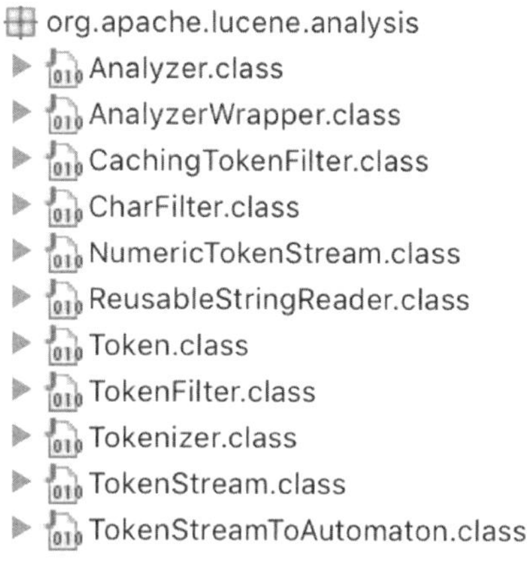

org.apache.lucene.analysis
- Analyzer.class
- AnalyzerWrapper.class
- CachingTokenFilter.class
- CharFilter.class
- NumericTokenStream.class
- ReusableStringReader.class
- Token.class
- TokenFilter.class
- Tokenizer.class
- TokenStream.class
- TokenStreamToAutomaton.class

图 3－12　Lucene 文本分析包

在分词器的开发中，英文的分词方法较为简单，在文本内容比较规范的情况下，只需要通过空格切分就可以比较方便地实现英文分词了。中文分词比英文分词要复杂得多。汉语是世界上公认的最复杂的自然语言，利用计算机对中文进行准确无误的分词，并且正确地描述每个单词的词性和含义几乎是不可能的。相较于英文，中文分词要困难得多。首先，在中文的词语之间不使用空格隔开；其次，中文的构词规则比英文更加复杂。汉语词汇的构词经常利用汉字排列组合而成，所以汉语词汇是非常丰富、庞杂的，且汉语词汇的词义还需要参照上下文的具体语境来确定。

常用的中文分词方法有单字分词法、双字分词法和词典分词法等。

单字分词法的过程最为简单直接，也就是以字为单位切分带分词的文本。单字分词法的优点是显而易见的，如果按照这种分词方式建立索引，那么索引中所有词条的集合也就是中文汉字库的一个子集。《信息交换用汉字编码字符集》(GB 2312—1980)中收录了7000多个汉字，《汉字内码扩展规范》(GBK)中收录了21 000个汉字。如果索引词条全部来源于单字分词法，索引的总量不会超过215条记录。但是单字分词法提取的词粒度过细，很难表达大多数文本的属性。

双字分词法的过程也比较容易理解，就是将连续的两个汉字作为一个词，然后以词为单位进行分词。以“中国地质大学”为例，如果用双字分词法对这个字符串分词，其结果为“中国/国地/地质/质大/大学”。这个方法看似与单字分词法差别不大，效果却好很多，因为中文词汇中最多的就是双字词汇。但双字分词法对三字词语或者成语的提取却是无能为力的。

词典分词法就是按照一个事先构造好的词典中的词汇表来划分、提取词语。实际上，在词典分词法中，最困难的不是直接分词的过程，而是构建词典的过程。在采用词典分词法的分词器中，最著名的当数汉语词法分析系统(Institute of Computing Technology, Chinese Lexical Analysis System, ICTCLAS)了。ICTCLAS是由中国科学院开发的分词器，工作人员以一年的《人民日报》为样本，将其中所有文字内容进行人工切分并对所有切分的单词的词性进行分析和标注，然后将这些带有词性标注信息的单词一并录入词条库中。

2. 倒排索引

信息检索就是从信息集合中找出所需要的信息的过程，在使用Word时，使用快捷键Ctrl+F便会弹出如图3-13所示的查找和替换对话框。输入待查找信息后单击“查找下一处”按钮，应用程序便会找到用户所需查找的内容。Word中的这一查找功能是最简单的信息检索功能。

图3-13 Word的查找和替换功能

传统的信息检索方法(如 Word 中的查找功能)一般都是通过线性匹配驻留于内存中的文本来实现的,这种方式被称作顺序查找。顺序查找在数据量较小(一般指在 MB 数量级以下)的情况下有不错的效果,且易于实现;但是面对规模较大的数据(一般指 GB 数量级),其漫长的查询响应时间是令人无法容忍的。

基于顺序查找的不足,数据库系统在数据检索之前往往都需要建立索引。索引是一种能找出特定关键词在数据库中具体位置的机制,利用索引可以大大地提高信息检索的效率。关系型数据库中常用的索引方式有签名文件(Signature File)、后缀数组(Suffix Array)等。但是面对海量数据(一般指 TB 数量级以上),往往采用的是倒排索引方式。

传统的索引方式都可以称为正排索引。图 3-14 展示了一个正排索引结构,其索引结构中存储的是数据库中的基本数据单元的主键或签名,这些主键或者签名分别指向其各个数据单元的属性(或所包含的关键词)。

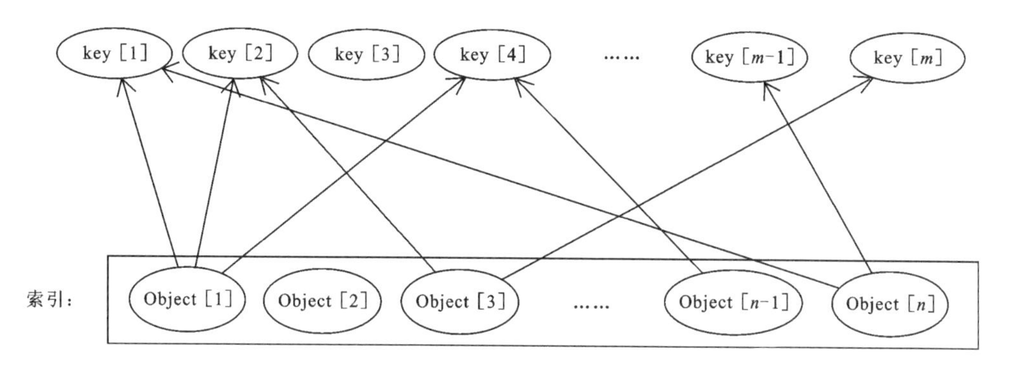

图 3-14 正排索引结构示意图

通俗点说,倒排是一种面向关键词的索引机制,这个索引包含了一个字典(Lexicon)和一个倒排列表(Inverted List)。如图 3-15 所示的倒排索引结构,字典中包含了所有可能出现的关键词。倒排列表中存储了一列指针,每个指针都指向一个字典中的关键词。

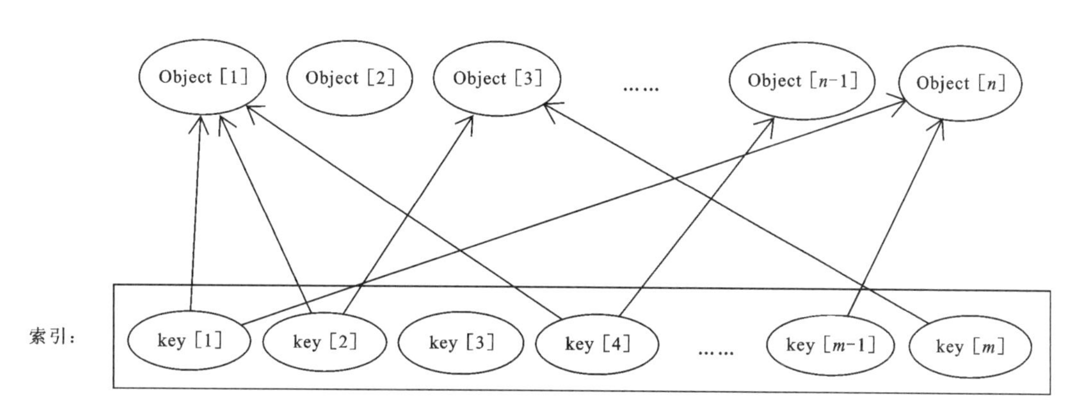

图 3-15 倒排索引结构示意图

对比图 3-14 和图 3-15 可知，正排索引的检索最坏时间复杂度为 $O(n)$，倒排索引的检索最坏时间复杂度为 $O(m)$。其中 m 为字典中关键词的总量，n 为整个数据库中信息单元的总数。在自然语言中词汇的数量是有限的，常用的英语词汇量只有 20 000 多个，常用的汉字只有 6000 多个，算上所有汉字组成的词语也不过几万个，所以数据库字典的规模只是在 KB 级和 MB 级之间。而在大型数据库系统中，信息单元的数量往往是在 GB 级或者 TB 级的，远大于数据库字典的规模。在倒排索引中，关键词的数量并不会随着数据总量的增长也呈线性增长，但是它构建索引的过程的时间复杂度却是 $O(n)$。

前文提到的 Lucene 数据管理也是通过倒排索引方式实现的。鉴于倒排索引的结构特点，在 Lucene 信息检索的整个过程中，最消耗时间的就是数据录入时倒排索引的建立过程，而后面的查询过程却是非常高效的。因此，Lucene 尤其适合当作高并发、数据稳定且规模巨大的应用系统的底层数据解决方案。

3.3.3 图形数据的管理与调度

图形数据的管理与调度主要是指针对原始数据中的图形文件[Shapefile(SHP)、DXF 和 MapGIS]进行快速地入库以及提取。

1. SHP 图形文件的管理与调度

Shapefile 文件是一种文件存储的格式，一个 Shapefile 包含的必要的基本文件有主文件(.shp)、索引文件(.shx)和属性文件(.dbf)三个文件。主文件(坐标文件)是一个直接存取变量记录长度的文件，其中每个记录描述一个由一系列坐标点组成的图形。在索引文件中，每个记录包含一个几何对象在.shp 文件中的位置，属性文件的每条记录包含了一个单要素的信息。几何和属性间的一一对应关系是基于记录数目的，在属性文件中的属性记录必须和主文件中的记录是相同顺序。.shp 文件或.dbf 文件最大的容量不能够超过 2 GB。也就是说，一个 Shapefile 文件最多只能够存储 7000 万个点坐标。文件所能够存储的几何体的数目取决于单个要素所使用的顶点数目。Shapefile 所有的文件名都必须遵循 MS DOS 的 8.3 文件名标准(文件前缀名 8 个字符，后缀名 3 个字符，如 shapefil.shp)，以方便与一些老的应用程序保持兼容性，尽管现在许多新的程序都能够支持长文件名。此外，所有的文件都必须位于同一个目录之中。

一个 Shapefile 格式文件集的存储可以采用压缩存储的方式以及文件集存储的方式。为了避免误操作引起的文件丢失，可以在压缩后对 Shapefile 进行管理与调度。常用的压缩方式包含 ZIP、RAR、7Z、CAB，ZIP 是最常见的压缩文件格式，操作系统上不需要安装软件便能够进行操作；RAR 的文件压缩率比 ZIP 更高；7Z 有着比 RAR 更高的压缩率，但是普及率较低，同时需要安装额外的 7-zip；CAB 是微软的一种安装文件压缩方式。通过对比可以看出，RAR 是一种更加适合的压缩方式，同样的文件使用 RAR 格式进行压缩后，占用空间的大小通常都会比使用 ZIP 压缩后更小，而对文件进行压缩的主要目的就是减小文件所占空间以便于网络传输，所以一般选择 RAR 压缩文件并进行存储与传输。

2. DXF 图形文件的管理与调度

DXF 是一种开放的矢量数据格式，DXF 文件的完整结构如下。

(1)HEADER 段，包含图形的基本信息。它由 AutoCAD 数据库版本号和一些系统变量组成。每个参数都包含一个变量名称及其关联的值。

(2)CLASSES 段，包含应用程序定义的类的信息，这些类的实例出现在数据库的 BLOCKS、ENTITIES 和 OBJECTS 段中。类定义在类的层次结构中是固定不变的。

(3)TABLES 段，包含以下符号表的定义：APPID(应用程序标识表)、BLOCK_RECORD(块参照表)、DIMSTYLE(标注样式表)、LAYER(图层表)、LTYPE(线型表)、STYLE(文字样式表)、UCS(用户坐标系表)、VIEW(视图表)、VPORT(视口配置表)。

(4)BLOCKS 段，包含构成图形中每个块参照的块定义和图形图元。

(5)ENTITIES 段，包含图形中的图形对象(图元)，其中包括块参照(插入图元)。

(6)OBJECTS 段，包含图形中的非图形对象。除图元、符号表记录以及符号表以外的所有对象都存储在此段中。OBJECTS 段中的条目样例是包含多线样式和组的词典。

(7)THUMBNAILIMAGE 段，包含图形的预览图像数据，此段为可选。

根据存储格式 DXF 文件可以分为两类：ASCII 格式和二进制格式。ASCII 格式具有可读性好的特点，但占用的空间较大；二进制格式占用的空间小，读取速度快。二进制格式的 DXF 文件与 ASCII 格式的 DXF 文件包含的信息相同，但前者格式比后者更精简，能够节省 25%的文件空间。此外，与 ASCII 格式的 DXF 文件(该文件需要在文件大小和浮点运算精度之间权衡)不同，二进制格式的 DXF 文件能够在图形数据库中保持精度。由于 AutoCAD 现在是最流行的 CAD 系统，DXF 也被广泛使用，成为国际标准。为了能存储大量的数据以及提升存储速度，本书采用了二进制的存储方式，原先为二进制格式的 DXF 文件依旧保持原来的格式，对于 ASCII 格式的 DXF 文件需要转换为二进制格式之后再进行存储。由于数据库 BLOB 采用了二进制的存储方式，因此在将 DXF 文件转换成二进制格式后再进行存储时，可以不进行转换，从而减小了数据库以及服务器的压力。

3. MapGIS 图形文件的管理与调度

MapGIS 数据文件主要包括工程文件和工程内各工作区的文件。工作区是 MapGIS 提出的一个概念，简单地说，工作区就是一个数据池，可用于存放实体的空间数据、拓扑数据、图形数据和属性数据，每个工作区都对应于一个 MapGIS 数据文件。数据文件主要有以下几种。

点工作区(.MPJ 文件)：工程文件，存放工程中所有的工作区文件。

点工作区(.WT 文件)：点(PNT)。

线工作区(.WL 文件)：线(LIN)、结点(NOD)。

区工作区(.WP 文件)：线(LIN)、结点(NOD)、区(REG)。

网工作区(.WN 文件)：线(LIN)、结点(NOD)、网(NET)。

表工作区(.WB 文件)：无空间实体，仅有表格记录。

(1)点元。图元的简称,有时也简称点。点元是指由一个控制点决定其位置的有确定形状的图形单元。它包括字、字符串、文本、子图、圆、弧、直线段等几种类型。它与“线上加点”中的“点”概念不同。

(2)弧段。一系列有规则的、有顺序的点的集合。它与曲线是两个不同的概念,前者属于面元,后者属于线元,用它们可以构成区域的轮廓线。

(3)区/区域。区/区域是由同一方向或首尾相连的弧段组成的封闭图形。

(4)结点。结点是某弧段的端点,或者是数条弧段间的交叉点。

(5)属性。属性是一个实体的特征,属性数据是描述真实实体特征的数据集。显示地物属性的表通常称为属性表,属性表常用来组织属性数据。

同 Shapefile 文件一样,一个 MapGIS 文件同样是一个文件集,对它进行压缩进而提升传输效率也是非常有必要的。同样推荐采用 RAR 的压缩方式,以节省空间与传输时间。

3.3.4 图像数据的管理与调度

图像数据的管理与调度主要是指针对原始数据中的图像文件(JPG、TIF、BMP、PNG)进行快速地入库以及提取。

由于图像数据量大,因而需要对它进行数据压缩与解压。图像数据之所以能被压缩,就是因为存在数据冗余。图像数据的冗余主要表现为:图像中相邻像素间的相关性引起的空间冗余,图像序列中不同帧之间存在相关性引起的时间冗余,不同彩色平面或频谱带的相关性引起的频谱冗余。数据压缩的目的就是通过去除这些数据冗余来减少表示数据所需的比特数。由于图像数据量庞大,在存储、传输、处理时非常困难,图像数据的压缩就显得非常重要。

图像压缩可以是有损数据压缩,也可以是无损数据压缩。对于绘制的技术图、图表或者漫画优先使用无损压缩,这是因为有损压缩方法,尤其是在低的位速条件下将会带来压缩失真。如对医疗图像或者用于存档的扫描图像等这些有价值的内容的压缩要尽量选择无损压缩方法。有损压缩方法非常适用于自然的图像,例如一些应用中图像的微小损失是可以接受的(有时是无法感知的),这样就可以大幅度地减小位速。

若存储的是源数据,显然进行有损压缩和解压会影响后续图像的使用,因此需要使用无损压缩的方式。

无损压缩的基本原理是相同的颜色信息只需保存一次。在压缩图像时,软件首先会确定图像中哪些区域是相同的,哪些是不同的。包括了重复数据的图像(如蓝天)就可以被压缩,例如只有蓝天的起始点和终结点需要被记录下来,但是蓝色可能还会有不同的深浅,天空有时也可能被树木、山峰或其他的对象掩盖,这些就需要另外记录。从本质上看,利用无损压缩的方法可以删除一些重复数据,大大减少要在磁盘上保存的图像的内存占用量,减小磁盘的使用空间。但是,无损压缩的方法并不能减少图像的内存占用量,这是因为,当从磁盘上读取图像时,软件又会把丢失的像素用适当的颜色信息填充进来。

图像无损压缩后的数据形式是:以两个无符号 8 位二进制数为一组,第一个存储重复的个数，第二个存储通道值。

图像无损压缩分 B、G、R 三个通道依次进行，每个通道从第一个值开始，计算后面相同的值的个数，碰到新的不同值或者重复个数超出了 8 位数的表示上限，则将之前的重复值和通道值保存到一组压缩后的数据中，并开始下一组同样的计算压缩，直到数据全部压缩完。

解压也是分 3 个通道依次进行，由于 3 个通道的压缩数据都放在了同一个数组，因此要先找到 G 通道和 R 通道的开始位置 offset_g 和 offset_r，寻找方法是循环同时累加计算前面通道各像素的重复个数，每当重复个数达到图像像素个数，下一个通道即是另一个通道的开始。之后开始解压，每次从各通道取一个值组成一个像素，直到各通道同时取完，解压后的数据就是压缩前的原数据了，实现了图像的无损压缩。

服务器接收数据后，针对不同的图像格式进行不同的无损压缩，并将数据转换为二进制形式保存到数据库或者 HDFS 上。在需要图像时，则要将二进制数据进行无损解压并返回数据。

3.4 高切坡特征数据的提取与管理

3.4.1 从文本数据中提取高切坡特征数据

文本数据是本项目原始数据中的一个重要组成部分，其中包含了大量有价值的信息，这些信息作为平台的灾害预警、决策支持、趋势分析等智能辅助功能的基础训练数据，被称为关键特征。虽然这些关键特征在实际应用中价值巨大，但在文本信息中是稀疏分布的。也就是说，文本数据作为一种重要的原始数据，虽然价值巨大，但是价值密度非常低。如何从大量的文本数据中快速地提取有价值的特征数据集是一个巨大挑战。

结合前文提及的文本数据管理调度方法，笔者提出了一种文本特征数据提取方法。首先将每一个文本数据通过正则表达式切分成一个句子集合，对所有语句进行编号并当作其唯一标识。然后通过语法分析器将所有语句进行分词，根据这些分词信息，将语句逐一存入文本库中并与倒排索引库中的关键词词条匹配。这样便可以通过特征数据的属性名在倒排索引库中搜索到特征数据属性值所在的文本语句，大幅精简了文本比对的人工操作步骤。接下来可以调用大数据挖掘与融合方法库中的方法或人工判读方法，最终获取指定特征。具体算法及实现结果见 3.5.2。

3.4.2 从图形数据中提取高切坡特征数据

根据三峡库区高切坡数据分析挖掘的需求，需要对图形数据进行读取，并调用大数据挖掘与融合方法库中的方法，将某一种给定属性或属性组合的图元提取出来后，组合生成一个新的图形文件。

项目中的图形数据主要以 ArcGIS、MapGIS 和 AutoCAD 三种文件格式存储。用户从数据中获取的也将是这3种软件对应的数据格式文件。根据对三峡库区高切坡数据分析与挖掘的需求，为了能对这3种文件进行解析、分析和挖掘，我们提供了基于这3种软件二次开发所需的空间查询与提取、空间量算、空间逻辑运算以及缓冲区分析、图元级属性检索等功能。具体算法及实现结果见3.5.3。

3.4.3 从图像数据中提取高切坡特征数据

根据三峡库区高切坡数据分析、挖掘的需求，需要对图像数据进行读取，并调用大数据挖掘与融合方法库中的方法，将某一种给定条件或条件组合的特征提取出来。

项目中用到的图像数据主要以JPG、TIF、BMP、PNG四种文件格式存储，用户获取的也是这4种格式的数据文件。根据对三峡库区高切坡数据分析与挖掘的需求，为了能对这4种文件进行解析、分析和挖掘，本项目提供对这4种数据格式文件进行特征提取所需的图像文本抓取、预处理、文本分词、特征提取等功能。

1. 图像文本抓取(文字检测、文字识别)

由于特征数据蕴藏在图像数据中，需要将特征数据从图像数据中分离出来，抓取图像中的文本。

2. 预处理

由于抓取的文本中往往包含一些无用的停用词、噪声数据，在进行特征提取前，需要对文本数据进行清洗，去除无用的噪声数据。

3. 文本分词

文本分词是中文自然语言处理的重要组成部分，是文本处理的基本步骤。由于中文句子中没有词的界限，在进行自然语言处理时，通常需要先进行分词，分词的效果将直接影响词性、句法等模块的效果。依据场景和需求，可以适当地对分词模型进行调整，加入专业词汇，以提高分词效果。

4. 特征提取

依据项目所需提取的特征，设计特征提取算法，通过自然语言处理技术，将文本数据转化为结构化数据。

具体算法及实现结果见3.5.4。

3.4.4 高切坡特征数据的存储管理与服务

1. 特征数据集结构特征

高切坡特征数据集的存储管理主要通过数据库中的GQPTZSJJ表来进行，提供特征数据集的增、删、查服务，其工作流程参考传统的WEB架构中的MVC结构，将特征数据集的操作分为控制层（Controller层）、服务层（Service层）和Dao层。主要工作流程见图3－16。

首先将上传的特征数据集文件在Controller层进行内容提取、整理和分类；然后根据数据的操作信息对数据进行不同的操作，封装后传给Service层处理；对数据的规范性进行进一步校验后和数据库进行交互获取，或存入特征数据集。

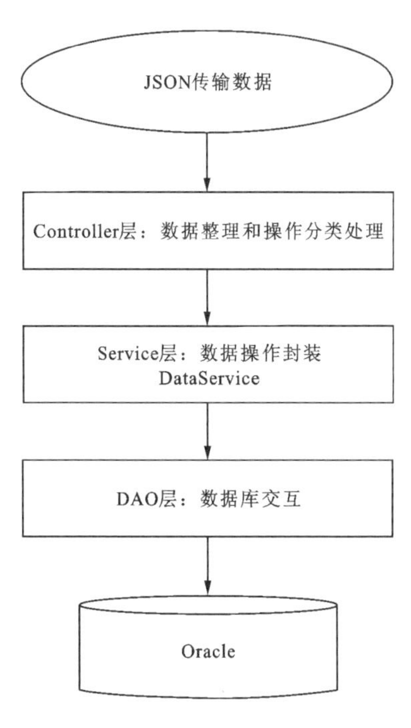

图3－16 工作流程图

2. 特征数据集数据表和约束条件

高切坡特征数据集将存储、管理、服务使用高切坡编号和生成时间作为联合主键，对于插入的数据，由系统生成时间来记录数据插入的时间，该时间可以作为特征数据集数据的唯一区分标识。根据特征数据集不同数据类型来构建数据表：对于描述性数据，采用VARCHAR类型进行存储，并可根据数据大小动态分配存储空间；对于数值型数据，可用NUMBER类型进行存储，并可根据需要来确定保留的小数位数以存储完整的数据。具体数据表结构见表3－1。

表3－1 高切坡特征数据集

数据库名称：高切坡				数据表名称：高切坡特征数据集（GQPTZSJJ）									
序号	字段名称	字段名	类型	长度	小数	单位	必填	空值	缺省值	最大值	最小值	约束	备注
1	生成时间	generated time	V	20			必填	非空					
2	高切坡编号	slope number	V	20			必填	非空					
3	高切坡名称	slope name	V	200									
4	位置	location	V	200									
5	边坡类型	slope type	V	40									
6	介质类型	medium type	V	40									
7	坡长（延伸长度）	the length	N	20		m							
8	平均坡高	average height	N	20									
9	最大坡高	max height	N	20									
10	平均坡角	average angle	N	20									
11	最大坡角	max angle	N	20									

续表 3-1

数据库名称:高切坡				数据表名称:高切坡特征数据集(GQPTZSJJ)									
序号	字段名称	字段名	类型	长度	小数	单位	必填	空值	缺省值	最大值	最小值	约束	备注
12	走向	move towards	N	40									
13	倾向	tendency	N	40									
14	主要成分	bases	V	40									
15	坡面面积	slope area	N	20		m^2							
16	坡脚高程	slope evevation	N	20									
17	坡顶高程	crest evevation	N	20									
18	破碎程度	crush degree	V	20									
19	主体风化程度	weathering degree	V	40									
20	安全等级	security level	V	20									
21	地震烈度	seismic intensity	V	20									
22	人类工程活动	human activities	V	1000									
23	主要危害对象	hazard object	V	100									
24	有无断层	with fault	V	5									
25	有无裂隙	with fracture	V	5									
26	岩层倾向	rock tendency	N	20									
27	岩层倾角	rock dip	N	10									
28	含水率	moisture content	N	10		%							
29	天然密度	natural density	N	10		g/cm^3							
30	黏聚力(c)	cohesive force	N	20									
31	内摩擦角(φ)	friction angle	N	20									
32	变形模量	deformation modulus	N	20									
33	泊松比	poisson ratio	N	20									
34	地基承载力标准值	bearing capacity	N	10		MPa							
35	重度	unit weight	N	10		kN/m^3							

续表 3-1

数据库名称:高切坡				数据表名称:高切坡特征数据集(GQPTZSJJ)									
序号	字段名称	字段名	类型	长度	小数	单位	必填	空值	缺省值	最大值	最小值	约束	备注
36	压缩模量	compression modulus	N	20		MPa							
37	抗压强度	compressive strength	N	20		MPa							
38	渗透系数	osmotic coefficient	N	10	2	cm/s							
39	基底摩擦系数	base friction	N	10									
40	软化系数	softening coefficient	N	10									
41	有无地表水	surface water	V	5									
42	地表水汇水面积	catchment area	N	10		m^2							
43	地下水类型	underground water	V	40									
44	埋深	burial depth	N	10		m							
45	补给方式	supply way	V	10									
46	腐蚀性	the corrosivity	V	10									
47	pH 值	pH value	N	10									
48	硬度	the hardness	N	20									
49	年平均气温	average temperature	N	20		℃							
50	极端最高气温	max temperature	N	20		℃							
51	极端最低气温	min temperature	N	20		℃							
52	相对湿度	relative humidity	N	10									
53	年降雨量最大值	max rainfall	N	10		mm							
54	年降雨量最小值	min rainfall	N	10		mm							

续表 3－1

数据库名称：高切坡				数据表名称：高切坡特征数据集(GQPTZSJJ)									
序号	字段名称	字段名	类型	长度	小数	单位	必填	空值	缺省值	最大值	最小值	约束	备注
55	年降雨量	annual rainfall	N	20		mm							
56	年平均降雨量	average rainfall	N	20		mm							
57	日最大降雨量	day－max rainfall	N	20		mm							
58	年平均蒸发量	average－annual evaporation	N	20		mm							
59	风向	wind direction	V	20									
60	风速	wind speed	N	20		m/s							
61	最大风速	max wind－speed	N	20		m/s							
62	已发生变形破坏	deformation fracture	V	40									
63	预测变形破坏模式	failure mode	V	40									
64	防治措施	controlling measure	V	200									
65	是否变形	with deformation	V	5									
66	排水是否正常	water draining	V	5									
67	防护措施是否正常	safeguard procedures	V	5									
68	是否存在人工破坏	artificial damage	V	5									
69	是否异常	with abnormal	V	5									
70	地质背景存储位置	geological background	V	100									
71	观测值 X	observed value X	N	10		m							
72	观测值 Y	observed value Y	N	10		m							
73	观测值 H	observed value H	N	10		m							

续表 3-1

数据库名称:高切坡				数据表名称:高切坡特征数据集(GQPTZSJJ)									
序号	字段名称	字段名	类型	长度	小数	单位	必填	空值	缺省值	最大值	最小值	约束	备注
74	本期 X 位移	current displacement X	N	10		mm							
75	本期 Y 位移	current displacement Y	N	10		mm							
76	本期 H 位移	current displacement H	N	10		mm							
77	本期 X 法向位移	normal displacement X	N	10		mm							
78	本期 Y 法向位移	normal displacement Y	N	10		mm							
79	本期 H 法向位移	normal displacement H	N	10		mm							
主键定义:gqp number+generated time													

针对特征数据集中数据的特点,在主键约束之外,对重要数据采用非空约束来确保数据的有效性,对优先级较低的数据允许为空来提高数据存储的效率,尽量保证特征数据集的完整性。

3. 特征数据集模块存储及服务关键技术

特征数据集数据存储的关键是对上传的文件内容进行提取和合法性校验,在内容提取方面主要有两种方式:Apache POI 和 Jxl,其中 Jxl 的特点是支持字体、数字、日期的格式化,支持单元格的阴影操作及颜色操作;可以修改已经存在的数据表;小文件读取效率比较高;跨平台。而 Apache POI 在一些业务场景中的代码相对复杂,但是它支持多种模式的读写。它还支持大数量、大文件的读写操作,但读写的时候会占用较多内存。由于具灵活性的 Jxl 适用于特征数据集的小文件内容读取,技术选型方面选用了 Jxl 来进行特征数据集的读取。在合法性校验方面,需要在 MVC 的每一层对传输的数据进行相关检验,将检验操作进行封装,可以提升代码的复用性,更好地实现高内聚、低耦合的设计方式。

特征数据集的查询服务是服务体系的核心功能,本模块查询功能主要采用 Lucene 的索引存储结构来实现数据的快速查询。lucene 的查询是基于段(segment)进行的。每个段可以看作一个独立的索引块,在建立索引的过程中,lucene 会不断地刷新内存中的数据,形成新的段。多个段也会不断地被合并成一个大的段,在查询时,被读取的段即使是老的段也不会被删除,而没有被读取且被合并的段会被删除。在每个段中会有基于 term 的反向列表即倒排链,方便进行属性查找。如果 term 非常多,为了快速拿到这个倒排链,可采用 term dictionary即 term 字典。term 字典按照 term 进行排序,用一个二分查找就可以确定这个

term 所在的地址。为了能够快速查找倒排链中属性值与原始数据的映射，Lucene 采用了 SkipList 这一数据结构将原始数据的 ID 进行索引构建，如要查询的 ID=12，当不采用索引结构时，就需要扫描原始链表：1、2、3、5、7、8、10、12。采用 SkipList，先访问第一层，发现 15 大于 12；进入第 0 层，扫描到 3、8，发现 15 大于 12；进入原链表的 8，继续向下经过 10 和 12 得到原始数据(图 3－17)。

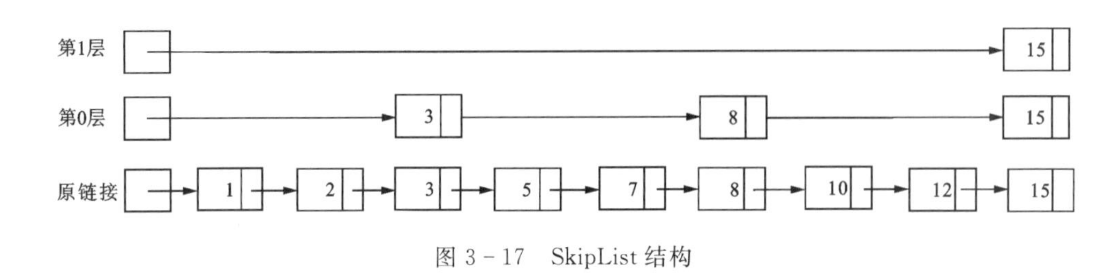

图 3－17　SkipList 结构

Lucene 通过倒排的存储模型实现 term 搜索，当需要和另一个属性的值进行聚合或者希望返回结果按照另一个属性进行排序时，就需要在结果全部拿到后再读取原文进行排序。但是这样操作效率较低，占用内存大。基于加速这一过程的目的实现 FieldCache，把已经读取过的 field 放进内存中，可以减少重复的 IO，以空间换时间的方式来提高效率。

3.5　大数据挖掘与融合方法库的建设

面向高切坡地质安全智能管控的业务需求，我们采用模糊连续估计、训练分类、线性或非线性预测、关联规则、相似性聚类、统计分析、机器学习、朴素贝叶斯、人工智能等方法，研究地质安全大数据挖掘模型与方法库。通过研究地质安全背景静态数据与天空地三基动态监测数据之间的静态与动态数据融合方法，以及三基监测数据在时空匹配、多场匹配、特征匹配方面的数据融合技术，可形成针对高切坡地质安全智能管控的多种大数据融合模型与方法库。

对于不同类型的数据，所采取的数据挖掘和融合方法也是不同的。根据对项目所收集数据的类型进行分析，可总结出该项目所包含的数据主要为结构化数据、文本数据、矢量图形数据和栅格图像数据。

(1)结构化数据。本项目中处理的数据包括群测群防宏观巡查数据、群测群防监测数据、高切坡专业监测数据以及降雨、气象、水文、岩土体物理力学参数等多种结构化数据。

(2)文本数据。文本数据是应用很普遍的数据类型之一。本项目需要处理的文本数据类型包括各类勘查报告、基础地质报告、水文地质报告和使用爬虫技术从网络获取的数据等。

(3)矢量图形数据。矢量图形数据主要是指城市大比例尺地形图。本项目所处理的矢量图形数据包括地质立面图、平面图、剖面图和山地工程地质图。

(4)栅格图像数据。栅格图像数据就是将空间分割成有规律的网格,每一个网格称为一个单元,并在各单元上赋予相应的属性值来表示实体的一种数据形式。本项目处理的栅格图形数据包括多种未矢量化的栅格图像文件、遥感图像、报告中的插图和利用爬虫技术获取的网络插图等。

3.5.1　结构化数据挖掘与融合方法

1. 算法模块设计

本书完成了3个算法模块的设计,分别是数据归一化处理模块、数据降维处理模块和机器学习算法模块。

1)数据归一化处理模块

数据的标准化是指将数据按比例缩放,使之落入一个小的特定区间,在某些比较和评价的指标处理中经常会用到,如去除数据的单位限制,将数据转化为无量纲的纯数值,便于将不同单位或量级的指标进行比较和加权。其中最典型的就是数据的归一化处理,即将数据统一映射到[0,1]区间上。在进行数据归一化操作后,在构建结构化数据算法模型时,既可以提升模型的收敛速度,又可以提升模型的精度。

根据数据归一化的两点优势,云平台针对结构化数据设计了数据归一化处理模块,其中包括最大值-绝对值缩放、正则化、二值化等数据处理算法。

2)数据降维处理模块

在机器学习方法中,数据降维已经成为机器学习预处理算法的一部分,有一些算法如果没有进行恰当的数据预处理,不会有好的结果。数据降维有以下优势。

(1)降低时间复杂度和空间复杂度。

(2)节省了提取不必要特征的开销。

(3)去掉数据集中夹杂的噪声。

(4)较简单的模型在小数据集上有更强的鲁棒性。

(5)当特征数据较少时,可以更好地解释数据。

基于数据降维算法的上述优势,为了实现针对结构化数据的特征选择和提取,云平台设计了数据降维处理模块。

3)机器学习算法模块

机器学习算法模块是云平台集成数据挖掘算法的主模块,为处理不同数据提供可靠高效的算法。机器学习算法相较于传统编程算法而言,其优势在于,首先可以通过机器学习算法简化代码,提高代码的执行能力;其次对于采用传统方法无法解决的问题可以通过机器学习技术找到一个解决方案;再次,机器学习可以适应新的数据变化,即可以根据环境的不同实现系统个性化;最后,可以通过机器学习算法从海量的数据中寻找数据的潜在规律和价值。

基于以上机器学习算法的优势,云平台采用机器学习和数据挖掘算法对海量的结构化数据进行处理。云平台的机器学习算法模块包括机器学习分类、聚类、回归三大类算法，还包括决策树分类、随机森林分类、保序回归、梯度提升树回归、交替最小二乘法聚类等几十余种机器学习算法。

2. 函数接口设计

本节主要说明云平台上实现的函数接口设计，包括函数名、传入参数及返回值说明。函数接口设计包含两个部分的设计，分别是 Python 机器学习方法库函数接口设计和数据算法集成平台函数接口设计。下面详细介绍 Python 机器学习方法库函数接口设计。

Python 机器学习方法库包括数据去噪声处理函数接口和机器学习算法函数接口，表 3-2中列举的是数据去噪声处理函数接口名称及参数说明。

表 3-2　数据去噪声处理函数接口名称及参数说明

接口名称	参数说明
P_C_A(dimension_data,n_components)	使用 PCA 数据降维方法返回降维后的结果
LLE(dimension_data,n_components,n_neighbors)	使用 LLE 数据降维方法返回降维后的结果
Sddimension_data	StandardScaler 标准化，返回标准化之后的数据
max_min(dimention_data)	最小-最大规范化，返回各个属性归一化到 0～1 之间的结果
sum_norm(data)	L2 规范化，返回各个属性归一化到 0～1 之间的结果
var(dimension_data,threshould)	删除低方差的特征，返回方差低于阈值后的多维度列表

函数参数说明：

```
/* * PCA 数据降维
* @param  [in]  dimension_data 一组高维数据，即一个高维矩阵
* @param  [in]  n_components 保留输入信息百分比
* @param  [out] x 降维后的结果
* */

/* * LLE 数据降维
* @param  [in]  dimension_data 一组高维数据，即一个高维矩阵
* @param  [in]  n_components 降维后的维度
* @param  [in]  n_neighbors 邻居节点个数
* @param  [out] x 降维后的多维矩阵
* */

/* *  StandardScaler 标准化
```

```
        * @param  [in]  dimension_data 一组高维数据,即一个高维矩阵
        * @param  [out] x  标准化之后的结果
* */

/* *  最小-最大规范化
        * @param  [in]  dimension_data 一组高维数据,即一个高维矩阵
        * @param  [out] x  规范化之后的结果
* */

/* *  L2 规范化
        * @param  [in]  dimension_data 一组高维数据,即一个高维矩阵
        * @param  [out] x  规范化之后的结果
* */

/* *  删除低方差
        * @param  [in]  dimension_data 一组高维数据,即一个高维矩阵
        * @param  [out] x  删除低方差之后的结果
* */
```

机器学习算法函数接口名称及参数说明可见表 3-3。

表 3-3 机器学习算法函数接口名称及参数说明

接口名称	参数说明
Stru_Knn(data,target,is_train,list_list_data,n_neighbors,model_path)	*k* 近邻机器学习算法
Stru_Bayes(data,target,is_train,list_list_data,alpha,model_path)	朴素贝叶斯机器学习算法
Stru_DecisionTree(data,target,is_train,list_list_data,max_depth,min_samples_split,min_samples_leaf,model_path)	决策树机器学习算法
Stru_RandomForest(data,target,is_train,list_list_data,n_estimators,max_depth,model_path)	随机森林机器学习算法
Stru_Svm(data,target,is_train,list_list_data,kernel,C,model_path)	支持向量机机器学习算法
Stru_Lr(data,target,is_train,list_list_data,C,model_path)	逻辑回归机器学习算法
Stru_LinearRegress(data,target,is_train=1,list_list_data=None,model_path='./struct_data/LinearRegress/')	线性回归机器学习算法
Stru_SGD(data,target,is_train,list_list_data,model_path)	梯度下降机器学习算法

续表 3 - 3

接口名称	参数说明
Stru_RidgePredict(data,target,is_train,list_list_data,alpha,model_path)	岭回归机器学习算法
Stru_kmeans(data,n_clusters,norm)	*K* - means 聚类机器学习算法
Stru_dbscan(data,eps,min_samples,norm)	DBSCAN 聚类机器学习算法
Stru_birch(data,n_clusters,norm)	BIRCH(层次)[1]聚类机器学习算法
Stru_mean_shift(data,norm)	Mean - Shift[2]聚类机器学习算法
Stru_full_connected(data,target_label_list,y_size,iter_number,batch_number,x_feature_number,struct_node_array,is_train,list_list,events_path,model_path_name)	机器学习神经网络算法

注:①DBSCAN,即 Density - Based Spatial Clustering of Applications with Noise,是一个较有代表性的基于密度的聚类算法;②Mean Shift(均值漂移)是基于密度的非参数聚类算法。

函数参数说明:

```
/**   k 近邻
 * @param  [in]  data 一组高维数据,即一个高维矩阵
 * @param  [in]  target 多维数组对应的标签
 * @param  [in]  is_train 训练模型还是预测,1 代表训练模型,0 代表使用模型
 * @param  [in]  list_list_data 待分类多属性数值,如果 is_train=0,则必须传待分类属性数据
 * @param  [in]  n_neighbors 邻居节点数
 * @param  [in]  model_path 训练时模型保存位置
 * @param  [out] x  返回值由 is_train 决定,is_train=1 时代表建立模型,返回建立模型时的准确
率;is_train=0 时代表使用模型,返回预测结果
 **/

/**   朴素贝叶斯
 * @param  [in]  data 一组高维数据,即一个高维矩阵
 * @param  [in]  target 多维数组对应的标签
 * @param  [in]  is_train 训练模型还是预测,1 代表训练模型,0 代表使用模型
 * @param  [in]  list_list_data 待分类多属性数值,如果 is_train=0,则必须传待分类属性数据
 * @param  [in]  alpha 拉普拉斯平滑系数
 * @param  [in]  model_path 训练时模型保存位置
 * @param  [out] x  返回值由 is_train 决定,is_train=1 时代表建立模型,返回建立模型时的准确
```

率;is_train=0 时代表使用模型,返回预测结果
 * */

/** 决策树
 * @param [in] data 一组高维数据,即一个高维矩阵
 * @param [in] target 多维数组对应的标签
 * @param [in] is_train 训练模型还是预测,1 代表训练模型,0 代表使用模型
 * @param [in] list_list_data 待分类多属性数值,如果 is_train=0,则必须传待分类属性数据
 * @param [in] max_depth 决策树的深度
 * @param [in] min_samples_split 决策树的叶子节点最大节点数
 * @param [in] min_samples_leaf 决策树的叶子节点最大节点数
 * @param [in] model_path 训练时模型保存位置
 * @param [out] x 返回值由 is_train 决定,is_train=1 时代表建立模型,返回建立模型时的准确率;is_train=0 时代表使用模型,返回预测结果
 * */

/** 随机森林
 * @param [in] data 一组高维数据,即一个高维矩阵
 * @param [in] target 多维数组对应的标签
 * @param [in] n_estimators 森林里面的树木数量
 * @param [in] n_max_depth 树的最大深度
 * @param [in] is_train 训练模型还是预测,1 代表训练模型,0 代表使用模型
 * @param [in] list_list_data 待分类多属性数值,如果 is_train=0,则必须传待分类属性数据
 * @param [in] model_path 训练时模型保存位置
 * @param [out] x 返回值由 is_train 决定,is_train=1 时代表建立模型,返回建立模型时的准确率;is_train=0 时代表使用模型,返回预测结果
 * */

/** 支持向量机
 * @param [in] data 一组高维数据,即一个高维矩阵
 * @param [in] target 多维数组对应的标签
 * @param [in] is_train 训练模型还是预测,1 代表训练模型,0 代表使用模型
 * @param [in] list_list_data 待分类多属性数值,如果 is_train=0,则必须传待分类属性数据
 * @param [in] kernel 核函数,可以是'linear','poly','rbf','sigmoid','precomputed'
 * @param [in] C 值越大,在测试集上的效果越好,但可能过拟合,C 值越小,容忍错误的能力越强,在测试集上的效果越差
 * @param [in] model_path 训练时模型保存位置
 * @param [out] x 返回值由 is_train 决定,is_train=1 时代表建立模型,返回建立模型时的准确率;is_train=0 时代表使用模型,返回预测结果
 * */

```
/ * *   逻辑回归
 * @param  [in]  data 一组高维数据,即一个高维矩阵
 * @param  [in]  target 多维数组对应的标签
 * @param  [in]  is_train 训练模型还是预测,1 代表训练模型,0 代表使用模型
 * @param  [in]  list_list_data 待分类多属性数值,如果 is_train=0,则必须传待分类属性数据
 * @param  [in]  C 正则化力度
 * @param  [in]  model_path 训练时模型保存位置
 * @param  [out] x  返回值由 is_train 决定,is_train=1 时代表建立模型,返回建立模型时的准确率;is_train=0 时代表使用模型,返回预测结果
 * * /

/ * *   线性回归
 * @param  [in]  data 一组高维数据,即一个高维矩阵
 * @param  [in]  target 多维数组对应的标签
 * @param  [in]  is_train 训练模型还是预测,1 代表训练模型,0 代表使用模型
 * @param  [in]  list_list_data 待分类多属性数值,如果 is_train=0,则必须传待分类属性数据
 * @param  [in]  model_path 训练时模型保存位置
 * @param  [out] x  返回值由 is_train 决定,is_train=1 时代表建立模型,返回建立模型时的准确率;is_train=0 时代表使用模型,返回预测结果
 * * /

/ * *   梯度下降
 * @param  [in]  data 一组高维数据,即一个高维矩阵
 * @param  [in]  target 多维数组对应的标签
 * @param  [in]  is_train 训练模型还是预测,1 代表训练模型,0 代表使用模型
 * @param  [in]  list_list_data 待分类多属性数值,如果 is_train=0,则必须传待分类属性数据
 * @param  [in]  model_path 训练时模型保存位置
 * @param  [out] x  返回值由 is_train 决定,is_train=1 时代表建立模型,返回建立模型时的准确率;is_train=0 时代表使用模型,返回预测结果
 * * /

/ * *   岭回归
 * @param  [in]  data 一组高维数据,即一个高维矩阵
 * @param  [in]  target 多维数组对应的标签
 * @param  [in]  is_train 训练模型还是预测,1 代表训练模型,0 代表使用模型
 * @param  [in]  alpha 正则化力度
 * @param  [in]  list_list_data 待分类多属性数值,如果 is_train=0,则必须传待分类属性数据
 * @param  [in]  model_path 训练时模型保存位置
 * @param  [out] x  返回值由 is_train 决定,is_train=1 时代表建立模型,返回建立模型时的准确率;is_train=0 时代表使用模型,返回预测结果
 * * /
```

```
/ * * K - means 聚类
 * @param  [in]  data 一组高维数据，即一个高维矩阵
 * @param  [in]  n_clusters 多维数组对应的标签个数
 * @param  [in]  norm 是否对 data 进行标准化
 * @param  [out] x  分类类别列表，聚类轮廓系数
 * * /

/ * *  DBSCAN 聚类
 * @param  [in]  data 一组高维数据，即一个高维矩阵
 * @param  [in]  eps 邻域的距离阈值，阈值越大，类别越少
 * @param  [in]  min_sample 邻域的样本数阈值
 * @param  [in]  norm 是否对 data 进行标准化
 * @param  [out] x  分类类别列表，聚类轮廓系数
 * * /

/ * *  BIRCH(层次)聚类
 * @param  [in]  data 一组高维数据，即一个高维矩阵
 * @param  [in]  n_clusters 分组个数
 * @param  [in]  norm 是否对 data 进行标准化
 * @param  [out] x  分类类别列表，聚类轮廓系数
 * * /

/ * *  Mean - Shift 聚类
 * @param  [in]  data 一组高维数据，即一个高维矩阵
 * @param  [in]  norm 是否对 data 进行标准化
 * @param  [out] x  分类类别列表，聚类轮廓系数
 * * /

/ * *  神经网络
 * @param  [in]  data 一组高维数据，即一个高维矩阵
 * @param  [in]  target_label_list 多维数组对应的标签列表
 * @param  [in]  y_size 目标类别中的类别总个数
 * @param  [in]  iter_number 训练中迭代次数
 * @param  [in]  batch_number 代表每次 next_batch 的大小
 * @param  [in]  x_feature_number data 的特征数目以及属性个数
 * @param  [in]  struct_node_array 输入层、隐藏层以及输出层结构，例如 struct_node_array=[784,
200,50,10]代表输入层节点数为 784=x_feature_number，隐藏层节点数为 200,50，输出层节点数为 10=y_size
 * @param  [in]  is_train 训练模型还是预测，默认是训练模型，1 代表训练模型，0 代表使用模型。
默认为 is_train=1
 * @param  [in]  data 一组高维数据，即一个高维矩阵
```

```
* @param  [in]  list_list 待分类的一组属性默认为空，如果 is_train=0，则必须传一组数值
* @param  [in]  events_path event 文件路径，就是可以用 tensorboard 查看模型建立过程中参数的变化趋势
* @param  [in]  model_path_name 模型路径以及名字
* @param  [out] x 返回值由 is_train 决定，is_train=1 时代表建立模型，返回建立模型时的准确率；is_train=0 时代表使用模型，返回预测结果
* */
```

3. 功能集成

云平台针对结构化数据进行了针对性的算法模块设计、函数接口设计。结构化数据挖掘融合方法在平台上的运行流程见图 3-18。

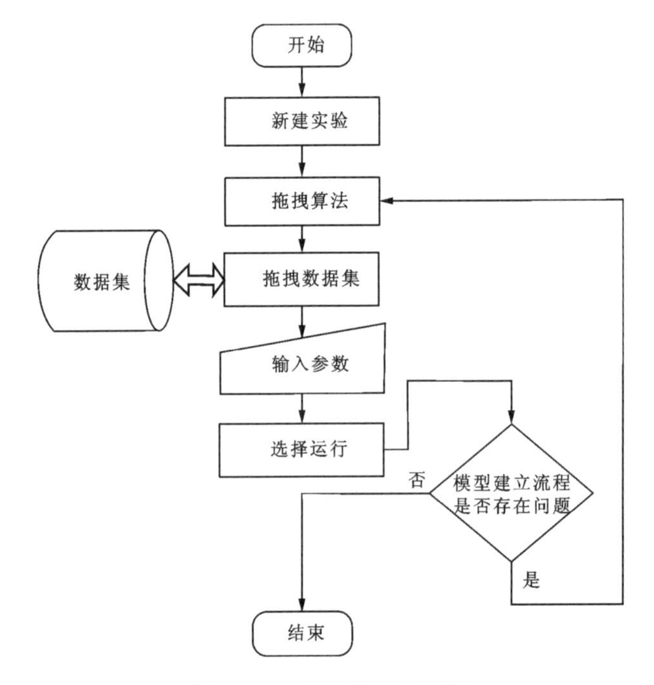

图 3-18　平台算法流程图

1)云平台算法集成流程

云平台算法集成流程为：首先，需要下载相关的开发文档、jar 包以及配置文件；然后，在配置好本地开发环境后，进行本地机器学习算法的编写和调试；测试后将本地算法打成 jar 包上传至平台。具体开发流程详见本书 3.7.2 的内容。

2)数据挖掘算法集成概况

数据挖掘算法集成平台上共集成了 58 种数据处理算法，包括数据获取、数据预处理、特征提取、特征选择、特征转换、分类、回归、聚类、关联规则挖掘、预测、评估和自定义算法共 12 个单元模块。各功能模块的接口算法及其传入参数见表 3-4。

表 3-4 数据挖掘算法集成平台算法接口参数表

<table>
<tr><th>模块名称</th><th>接口名称</th><th>传入参数</th></tr>
<tr><td rowspan="2">数据获取</td><td>读数据集</td><td>数据集选择、字段选择</td></tr>
<tr><td>DPL 数据查询</td><td>DPL 语句、查询字段</td></tr>
<tr><td rowspan="5">数据预处理</td><td>合并表</td><td>左表输出字段列、右表输出字段列、连接类型、关联条件</td></tr>
<tr><td>合并行</td><td>左表输出列、左表 where 条件、右表输出列、右表 where 条件、是否去重</td></tr>
<tr><td>过滤</td><td>输出列字段、过滤条件</td></tr>
<tr><td>分层采样</td><td>分组列、采样个数、采样比例、是否放回采样、随机种子</td></tr>
<tr><td>随机采样</td><td>采样个数、采样比例、是否放回采样、随机种子</td></tr>
<tr><td rowspan="4">特征提取</td><td>特征哈希词频</td><td>输入列参数、输出列参数、是否进行二进制转换、特征数量</td></tr>
<tr><td>逆文档频率</td><td>输入列参数、输出列参数、词语出现最小次数</td></tr>
<tr><td>词向量生成模型</td><td>输入列参数、输出列参数、最大迭代次数、最大句子长度、最小截断词频、分区数、随机种子、迭代步长、单词转换后维度</td></tr>
<tr><td>计数向量器</td><td>输入列参数、输出列参数、最小不同文档数、单词最小计数、词汇量最大容量、是否二进制切换</td></tr>
<tr><td rowspan="3">特征选择</td><td>卡方选择器</td><td>特征列参数、标签列参数、输出列参数、选择方法、最大伪发现率、最大特征 p 值、最大族系误差率、选取特征百分比、选取特征数量上限</td></tr>
<tr><td>局部敏感哈希</td><td>输入列参数、输出列参数、哈希表数量、桶长度、随机种子</td></tr>
<tr><td>最小哈希</td><td>输入列参数、输出列参数、哈希表数量、随机种子</td></tr>
<tr><td rowspan="5">特征转换</td><td>分词器</td><td>输入列参数、输出列参数</td></tr>
<tr><td>停词移除</td><td>输入列参数、输出列参数、是否区分大小写、要过滤的词</td></tr>
<tr><td>StringIndexer</td><td>输入列参数、输出列参数</td></tr>
<tr><td>IndexToString</td><td>输入列参数、输出列参数、索引映射标签数组</td></tr>
<tr><td>Vec - Assembler</td><td>输入列参数、输出列参数</td></tr>
<tr><td rowspan="9">特征转换</td><td>VectorIndexer</td><td>输入列参数、输出列参数、分类特征取值阈值</td></tr>
<tr><td>二值化</td><td>输入列参数、输出列参数、阈值</td></tr>
<tr><td>n 元模型</td><td>输入列参数、输出列参数、n 值</td></tr>
<tr><td>主成分分析</td><td>输入列参数、输出列参数、主成分个数</td></tr>
<tr><td>多项式扩展</td><td>输入列参数、输出列参数、多项式次数</td></tr>
<tr><td>最大值-绝对值缩放</td><td>输入列参数、输出列参数</td></tr>
<tr><td>正则化</td><td>输入列参数、输出列参数、范数</td></tr>
<tr><td>分位数离散器</td><td>输入列参数、输出列参数、无效条目处理、分位数、相对误差</td></tr>
</table>

续表 3-4

模块名称	接口名称	传入参数
分类	决策树分类	特征参数字段、标签参数列、预测结果列、存储类别概率列、原始预测列、检查点间隔、信息增益标准、节点分割特征容器最大数、数最大深度、树节点分裂最小信息增益、分裂后子节点最少实例数
	逻辑回归二分类	特征参数字段、标签参数列、预测结果列、存储类别概率列、原始预测列、标签参数列的分布方式、是否拦截训练对象、最大迭代次数、正则化参数、是否作标准化处理、算法收敛阈值、ElasticNet 混合系数
	朴素贝叶斯分类	特征参数字段、特征参数列、预测结果列、存储类别概率列、原始预测列、模型类型、平滑参数
回归	线性回归	特征参数字段、标签参数列、预测结果列、求解器优化算法、最大迭代次数、正则化参数、是否正则化处理、算法收敛阈值、ElasticNet 混合系数
	决策树回归	特征参数字段、标签参数列、预测结果列、检查点间隔、信息增益计算标准、树最大深度、树节点分裂最小信息增益、子节点最少实例数量、随机种子、节点分割特征容器最大数
聚类	*k* 均值回归	特征参数字段、预测结果列、聚类中心个数、最大迭代次数、随机种子、算法收敛阈值
	二分 *k* 均值回归	特征参数字段、预测结果列、聚类中心个数、最大迭代次数、随机种子
	交替最小二乘法	用户 id 列、项目 id 列、评分列、预测结果列、最大迭代次数、检查点间隔、矩阵分解的秩、项目块数量、用户块数量、隐式首选项、非负性约束、隐式首选项参数、正则化参数、随机种子
关联规则挖掘	FP-Growth①	项目列名称、预测结果列、最小支持率、最小置信率
预测	预测	无
	模型	模型名称、模型输出列
评估	多分类评估	标签参数列、度量名称、预测参数列
	回归评估	标签参数列、度量名称、预测参数列
	二分类评估	标签参数列、度量名称、预测参数列
自定义算法	随机森林分类	输入列参数、输出列参数、随机种子、决策树最大深度、森林树数目、MaxBins、分类类别数目
	梯度提升树分类	输入列参数、输出列参数、最大迭代次数、树最大深度、MaxBins、随机种子

续表 3-4

模块名称	接口名称	传入参数
自定义算法	多层感知机分类	输入列参数、输出列参数、最大迭代次数、块大小个数、随机种子、特征向量长度、类别个数
	OneVsRest 多分类	输入列参数、输出列参数、最大迭代次数、类别个数、随机种子
	支持向量机	输入列参数、输出列参数、迭代次数、权重
	保序回归	输入列参数、输出列参数
	梯度提升树回归	输入列参数、输出列参数、迭代次数、树最大深度、MaxBins、随机种子
	随机森林回归	输入列参数、输出列参数、随机种子、决策树最大深度、森林树数目、Max-Bins
	支持向量回归	输入列参数、输出列参数、迭代次数、权重
	高斯过程回归	输入列参数、输出列参数、Lambda 系数
	岭回归	输入列参数、输出列参数、Lambda 系数
	层次聚类	输入列参数、输出列参数、K 值、高度参数
	XMeans	输入列参数、输出列参数、最大聚类数、最大迭代次数、Tolerance 收敛值
	GMeans	输入列参数、输出列参数、最大聚类数、最大迭代次数、Tolerance 收敛值
	DBSCAN② 聚类	输入列参数、输出列参数、邻居范围、聚类数量、度量距离方式
	LDA③	K 值、最大迭代次数

注:①FP-Growth 算法即 Frequent Pattern Growth,是频繁模式挖掘领域的经典算法;②Mean Shift(均值漂移)是基于密度的非参数聚类算法;③LDA 即 Linear Discriminant Analysis,是指线性判别式分析。

3)业务流建模

在云平台建立实验模型的流程如下。

(1)通过读数据集的方式获取数据,选择数据集和数据字段。

(2)通过过滤等数据预处理方式将数据进行预处理。

(3)通过 Vec-Assembler 等特征转换的方式可以将特征字段转换为一个向量。

(4)使用分类、回归、聚类等方法并针对数据集中的数据训练出模型。

(5)导入训练数据集并对训练出的模型进行验证。

(6)将训练后的模型保存,方便下次使用。

4. 结果展示与分析

云平台中集成的分类、聚类以及回归 3 种机器学习算法中返回的结果不同。对于分类算法，在显示结果时既可以返回对当前数据集每一项的预测值，也可以返回对当前数据集预测的准确率和错误率。图 3－19 和图 3－20 分别是分类算法的预测结果和准确率结果。

云平台集成的回归算法中，返回的评价结果既可以是针对当前数据集进行回归分析的预测结果，也可以是算法针对当前数据集的均方根误差(Root Mean Square Error，RMSE)(即显示的 accuracy)。云平台集成的聚类算法中，返回的评价结果是针对当前数据集进行聚类后不同数据的类别。

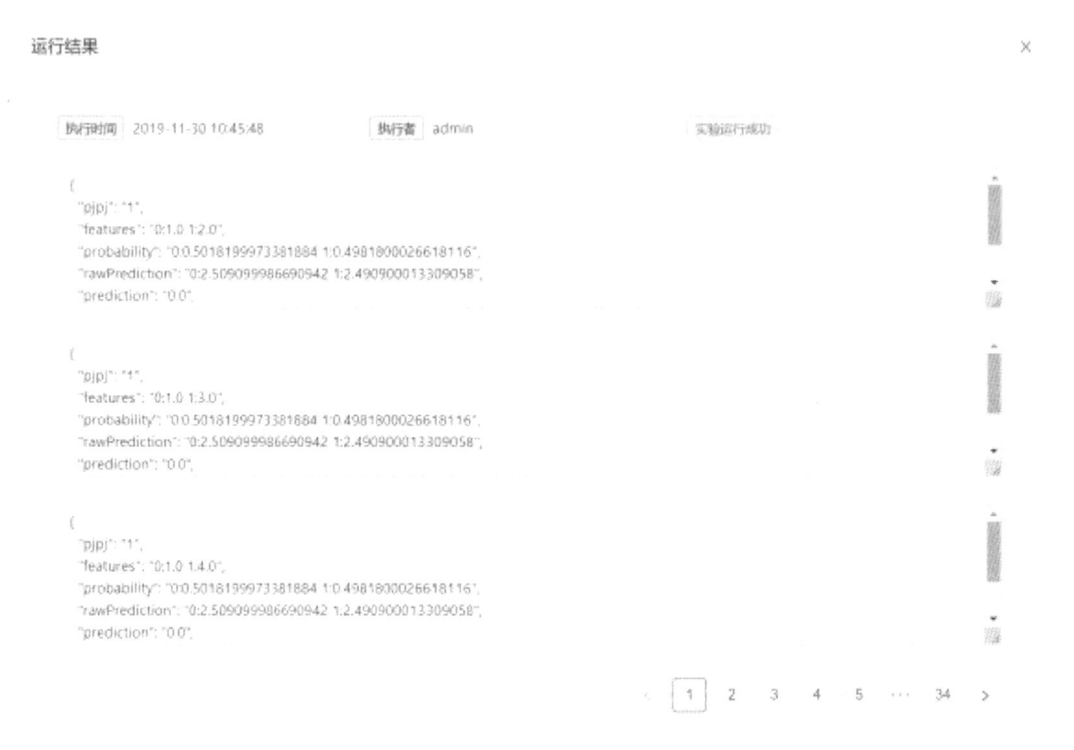

图 3－19　分类算法的预测

图 3－20　分类算法的准确率

3.5.2 文本数据挖掘算法

1. 算法模块设计

在算法模块设计部分，本书针对文本数据完成了3个算法模块的设计，分别是文本预处理、特征提取以及样本训练和分类评估，具体算法见表3-5。

表3-5 文本数据处理算法

算法模块	具体算法
文本预处理算法	中文分词、去除停用词
特征提取算法	TF-IDF[①]法、词频法、文档频次法、互信息方法、期望交叉熵、二次信息熵、信息增益方法、统计量方法、遗传算法、模拟退火算法
样本训练和分类评估算法	Rocchio分类器、朴素贝叶斯分类器、支持向量机的分类器、k近邻分类器、基于神经网络的分类器、决策树分类器、Ensemble分类器

注：①TF-IDF，全称为Term Frequency-Inverse Document Frequency，是一种统计方法。

2. 函数接口设计

1）文本预处理函数接口

针对文本预处理，表3-6列出了函数接口设计的接口名称及作用。

表3-6 文本预处理接口名称及作用

接口名称	作用
cut(str,sub_str="[A-Za-z0-9\! \%\[\]\,\。]")	通过传入文本和正则表达式进行文本预处理
movestopwords(str,sub_str,language_encodeing,stop_word_path)	对文本数据进行去除停用词操作
two_gram(origin_str_list,target_str_list,movestop)	对文本数据进行二值化操作
CountVec(content_list,token_pattern)	抽取文本特征，完成文本词频统计
get_one_hot(label_list)	独热编码
get_train_vecs(x_train,size,imdb_w2v_path)	将文本数据转化为word2vec向量

函数参数说明：

```
/* * 分词
* @param [in] str 中文文本
```

```
* @param [in] sub_str 正则表达式
* @param [out] x 句子分词的列表形式
* */

/* * 去除停用词
* @param [in] str 中文文本
* @param [in] sub_str 正则表达式
* @param [in] stop_word_path 停用词表路径
* @param [out] x 句子分词的列表形式
* */

/* * 对文本数据进行二值化操作
* @param [in] origin_str_list 语料库语句
* @param [in] target_str_list 测试句子
* @param [in] movestop 是否对语句去除停用词
* @param [out] x 句子分词的列表形式
* */

/* * 对文本数据进行词频统计
* @param [in] content_list 存放文章的列表
* @param [in] target_str_list 测试句子
* @param [in] token_pattern 正则表达式
* @param [out] x 词语的索引、词语的个数
* */

/* * 对文本数据进行独热编码
* @param [in] label_list 进行 one - hot 编码的一维列表
* @param [out] x one - hot 编码后的向量组
* */

/* * 将文本数据转化为 word2vec 向量
* @param [in] data 经过分词处理的句子数据列表
* @param [in] size 词向量的维度
* @param [in] imdb_w2v_path 词向量 word2vec 的所在路径以及名称
* @param [out] x 每个文本对应的词向量
* */
```

2)文本数据机器学习算法处理接口

针对机器学习方法,表 3-7 列出了函数接口设计的接口名称及参数说明。

表 3-7 机器学习接口名称及参数说明

接口名称	参数说明
Text_naviebayes(data,target,is_train,str,model_path)	朴素贝叶斯机器学习算法
Text_knncls(data,target,is_train,n_neighbors,str,model_path)	k 近邻机器学习算法
Text_RanFor(data,target,is_train,str,n_estimators,max_depth,model_path)	随机森林机器学习算法
Text_S_V_M(data,target,is_train,str,model_path)	支持向量机机器学习算法
Text_full_connected(data,target_label_list,y_size,iter_number,batch_number,struct_node_array,is_train,str,x_feature_number,events_path,model_path_name)	机器学习神经网络算法

函数参数说明：

```
/** 朴素贝叶斯
 *@param [in] data 经过分词处理的句子数据列表
 *@param [in] target 文本标签列表
 *@param [in] is_train 训练模型还是预测,1 代表训练模型,0 代表使用模型
 *@param [in] str 待分类文本
 *@param [in] model_path 训练时模型保存位置
 *@param [out] x 返回值由 is_train 决定,is_train=1 时代表建立模型,返回建立模型时的准确率;is_train=0 时代表使用模型,返回预测结果
 **/

/**k 近邻
 *@param [in] data 句子分词后的列表
 *@param [in] target 文本标签列表
 *@param [in] is_train 训练模型还是预测,1 代表训练模型,0 代表使用模型
 *@param [in] str 待分类文本
 *@param [in] n_neighbors 邻居节点数
 *@param [in] model_path 训练时模型保存位置
 *@param [out] x 返回值由 is_train 决定,is_train=1 时代表建立模型,返回建立模型时的准确率;is_train=0 时代表使用模型,返回预测结果
 **/

/** 随机森林
 *@param [in] data 句子分词后的列表
 *@param [in] target 文本标签列表
```

```
* @param [in] n_estimators 森林里面的树木数量
* @param [in] n_max_depth 树的最大深度
* @param [in] is_train 训练模型还是预测,1 代表训练模型,0 代表使用模型
* @param [in] str 待分类文本
* @param [in] model_path 训练时模型保存位置
* @param [out] x 返回值由 is_train 决定,is_train=1 时代表建立模型,返回建立模型时的准确率;is_train=0 时代表使用模型,返回预测结果
* */

/** 支持向量机
* @param [in] data 经过分词处理的句子数据列表
* @param [in] target 文本标签列表
* @param [in] is_train 训练模型还是预测,1 代表训练模型,0 代表使用模型
* @param [in] str 待分类文本
* @param [in] model_path 训练时模型保存位置
* @param [out] x 返回值由 is_train 决定,is_train=1 时代表建立模型,返回建立模型时的准确率;is_train=0 时代表使用模型,返回预测结果
* */

/** 神经网络
* @param [in] data 经过分词处理的句子数据列表
* @param [in] target_label_list 文本标签列表
* @param [in] y_size 目标类别数
* @param [in] iter_number 训练中迭代次数
* @param [in] batch_number 代表每次 next_batch 的大小
* @param [in] x_feature_number data 的特征数目以及属性个数
* @param [in] struct_node_array 输入层、隐藏层以及输出层结构,例如 struct_node_array=[784,200,50,10]代表输入层节点数为 784=x_feature_number,隐藏层节点数为 200,50,输出层节点数为 10=y_size
* @param [in] is_train 训练模型还是预测,默认是训练模型,1 代表训练模型,0 代表使用模型,默认为 is_train=1
* @param [in] str 待分类文本
* @param [in] events_path event 文件路径,就是可以用 tensorboard 查看模型建立过程中参数的变化趋势
* @param [in] model_path_name 模型路径以及名字
* @param [out] x 返回值由 is_train 决定,is_train=1 时代表建立模型,返回建立模型时的准确率;is_train=0 时代表使用模型,返回预测结果
* */
```

3. 结果展示与分析

以“花岗岩属于酸性岩浆岩中的侵入岩,这是此类中最常见的一种岩石,多为红色、浅灰

色、灰白色等。中粗粒、细粒结构，块状构造。也有一些为斑杂构造、球状构造、似片麻状构造等。主要矿物为石英、钾长石和酸性斜长石，次要矿物则为黑云母、角闪石，有时还有少量辉石”地质文本为例进行预处理，部分预处理结果见表 3-8。

表 3-8 文本预处理结果展示

处理名称	处理作用
分词	['花岗岩','属于','酸性','岩浆岩','中','的','侵入','岩',',','这是','此类','中','最','常见','的','一种','岩石',',','多为','红色','、','浅','灰色','、','灰白色','等','中','粗粒','、','细粒','结构',',','块状','构造','也','有','一些','为','斑杂','构造','、','球状','构造','、','似片','麻状','构造','等','主要','矿物','为','石英','、','钾长石','和','酸性','斜长石',',','次要','矿物','则','为','黑云母','、','角闪石',',','有时','还有','少量','辉石']
去除停用词	['花岗岩','酸性','岩浆岩','中','侵入','岩','这是','此类','中','常见','一种','岩石','多为','浅肉','红色','浅','灰色','灰白色','中','粗粒','细粒','结构','块状','构造','斑杂','构造','球状','构造','似片','麻状','构造','矿物','石英','钾长石','酸性','斜长石','次要','矿物','黑云母','角闪石','少量','辉石']
词向量	[−0.61236143 −3.16397503 −0.82113618 1.17362989 1.10503299 1.44904886… −5.43628956 0.73018415 −6.92185916 0.87837369]

在文本分类算法中，部分结果展示见表 3-9。

表 3-9 算法处理结果展示

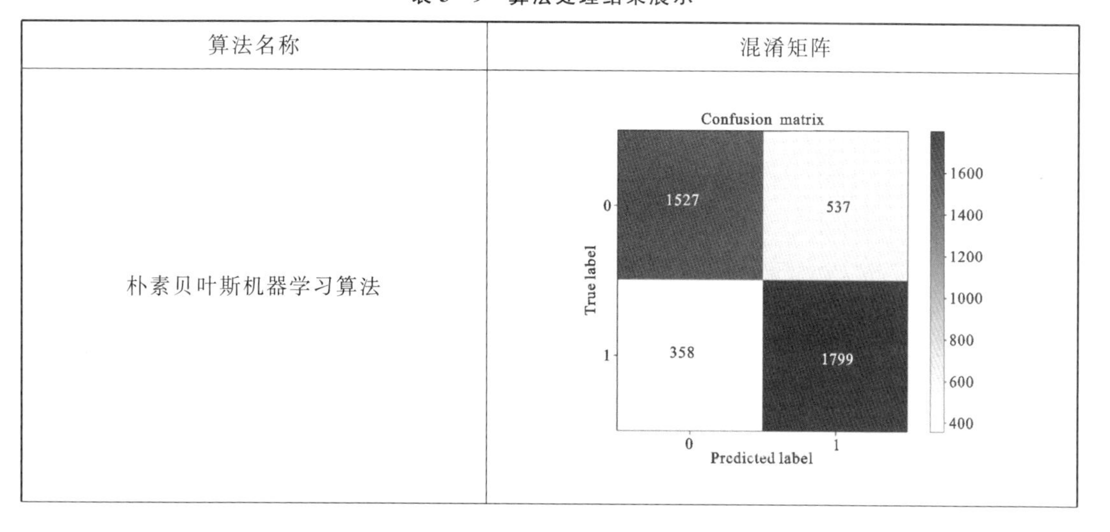

算法名称	混淆矩阵
朴素贝叶斯机器学习算法	

续表 3-9

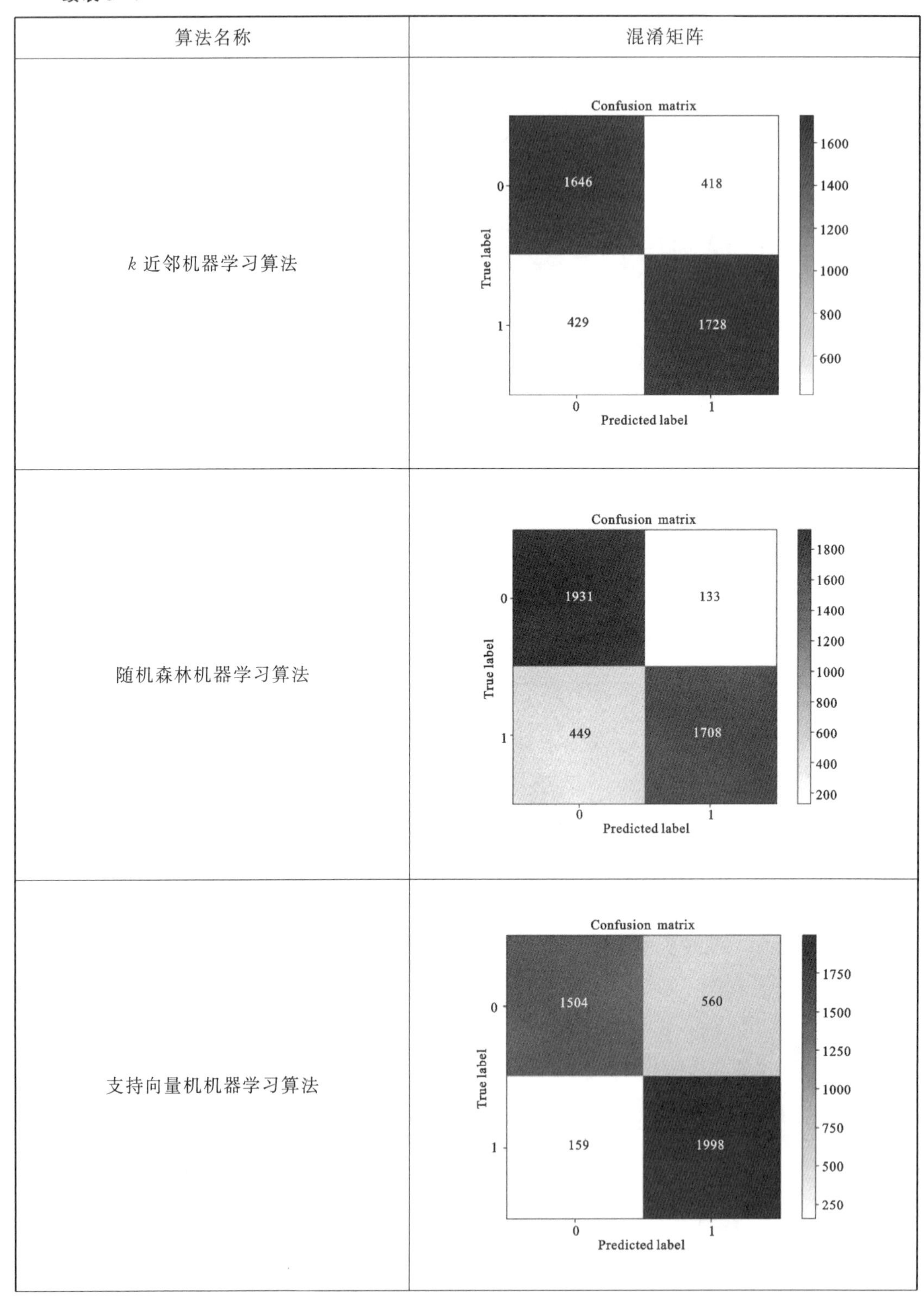

算法名称	混淆矩阵
k 近邻机器学习算法	
随机森林机器学习算法	
支持向量机机器学习算法	

续表 3-9

算法名称	混淆矩阵
机器学习神经网络算法	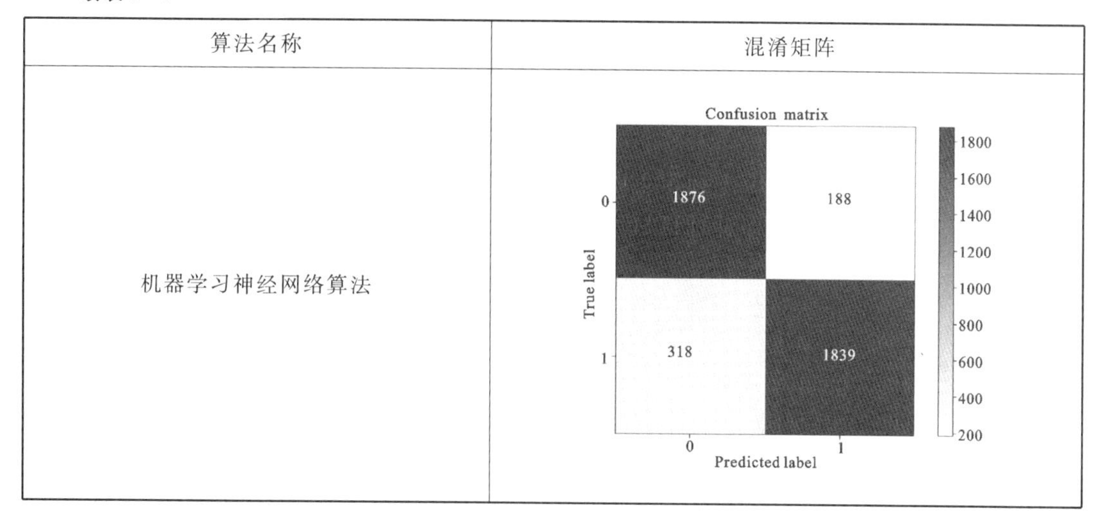

3.5.3 图形数据挖掘与融合方法

1. 算法模块设计

1)空间查询

空间查询是指按一定条件对空间目标的位置和属性信息进行查询，以形成一个新的数据子集。空间查询分为以下几种：定位查询、分层查询、区域查询、条件查询、空间关系查询。空间关系查询又称拓扑查询，其目的是检索出相关的空间目标。

(1)面—面查询。查询并判断两个面状地物之间是否相邻、包含、相交以及方向距离关系。如查询某一湖泊周围的土地类型，就是查询同湖泊相邻区域的土地属性。

(2)线—线查询。查询并判断线与线之间是否有邻接、相交、平行、重叠以及方向距离关系。如查询某一条公路所跨过的河流，就是查询与该公路相交的河流。

(3)点—点查询。查询并判断点与点之间的距离、方向和重叠关系。如查询居民点周围2km范围内的商店。

(4)线—面查询。查询并判断线与面之间的距离、方向、相交及重叠等关系。如查找通过某县的公路或某一条铁路所经过的县、市。

(5)点—线查询。查询并判断点与线之间的距离、方向及重叠关系。如查找某一河流上的桥梁或通过某一居民点的公路。

(6)点—面查询。查询并判断点与面之间的距离、方向及包含关系。如查找某市的采矿点或某一矿井的所在辖区等。

2)空间量算

几何量算：对点、线、面状地物的量算功能。几何量算对不同的点、线、面地物有不同的含义。

（1）点状地物（0 维）：坐标。

（2）线状地物（1 维）：长度、方向、曲率。

（3）面状地物（2 维）：面积、周长、形状等。

（4）体状地物（3 维）：体积、表面积等。

形状量算：面状目标物的外观是多变的，很难找到一个准确的量对它进行描述，最常用的指标包括多边形的长短轴之比、周长面积比等。

3）空间聚类

空间聚类是指根据预先设定的聚类条件，使符合条件的区域输出在图上，不符合条件的区域为空白。在空间聚类中常用的是逻辑运算，用逻辑表达式来分析处理非几何特性之间的逻辑关系。常用的逻辑运算如下。

（1）逻辑交运算。若子集为 A、B，对其进行逻辑交运算，得交集 $C=A\cap B$。

（2）逻辑并运算。若子集为 A、B，对其进行逻辑并运算，得并集 $C=A\cup B$。

（3）逻辑非运算。若子集为 A、B，对其进行逻辑非运算，得到 $C=A-B$。

4）缓冲区分析

缓冲区是指根据点、线、面地理实体，建立起周围一定宽度范围内的扩展距离图。缓冲区的作用：用来限定所需处理的专题数据的空间范围。一般认为缓冲区以内的信息均是与构成缓冲区的核心实体成相关及邻接或关联关系，而缓冲区以外的数据与分析无关。

点的缓冲区的生成比较简单，以点实体为圆心，以测定的距离为半径绘圆，这个圆形区域即为缓冲区。如果有多个点实体，缓冲区为这些圆区域的逻辑“并”。

线和面的缓冲区生成，实质上是指求折线段的平行线。算法是：在轴线首尾点处，作轴线的垂线并按缓冲区半径 R 截出左、右边线的起止点；在轴线的其他转折点上，用与该线所关联的前、后两邻边距轴线的距离为 R 的两条平行线的交点来生成缓冲区对应顶点。

5）图元级属性检索

图元是 GIS 图上的各种元素的统称，如图形对象（点、线、多边形等）以及它们的基本结构（结点、弧段、标识点等）、各种符号和标注等。图元是描述地图的最基本单位，通过属性数据可以查找图元数据。也可对多个 shp 文件检索属性相同的图元，并将得到的结果输出成一个 shp 文件。

2. 函数接口设计

基于空间查询、空间量算、空间逻辑运算、缓冲区分析以及图元级属性检索等功能，提供对应功能所需的接口。

```
/**   按空间位置(空间范围)进行空间对象的查询
* @param  [in]   objects_in 输入的被查询对象集
* @param  [in]   method 所使用的查询方法,包括点查询、线查询、面查询
* @param  [in]   condition 查询条件,即输入的查询范围(点/线/面)
* @param  [out]  objects_out 输出的查询结果,即落在查询范围内的对象
**/
```

```
SpatialQuerybyPos (objects_in,method,condition,objects_out);

/ * *  按属性进行空间对象的查询
 * @param  [in]  objects_in 输入的被查询对象集
 * @param  [in]  condition 查询条件,即输入的属性值或属性范围
 * @param  [out]  objects_out 输出的查询结果,即对应属性值符合查询条件的对象
 * * /
SpatialQuerybyAtt (objects_in,condition,objects_out);
/ * *  获取对象的位置信息
 * @param  [in]  objects 输入的对象集
 * @param  [out]  ps 输出所有对象的坐标
 * * /
GetPosition (objects,ps);

/ * *  计算输入线对象的长度
 * @param  [in]  objects 输入的对象集(一般应该为线对象)
 * @param  [out]  Len 输出所有对象的长度
 * * /
GetLength (objects,Len);

/ * *  计算输入区对象的面积
 * @param  [in]  objects 输入的对象集(一般应该为面对象)
 * @param  [out]  Len 输出所有对象的面积
 * * /
GetArea (objects,Area);

/ * *  对两组空间对象进行空间逻辑运算
 * @param  [in]  objectA 输入的对象集 A
 * @param  [in]  objectA 输入的对象集 B
 * @param  [in]  method 逻辑运算方法,包括交/与/或等运算
 * @param  [out]  object_out 输出逻辑运算获得的新对象集
 * * /
SpatialLogicOperation (objectA,objectA,method,object_out);

/ * *  计算所有输入对象的缓冲区
 * @param  [in]  objects_in 输入的对象集(可以是点、线、面对象)
 * @param  [out]  object_out 输出所有对象的缓冲区集合
 * * /
BufferAnalysis (objects_in,object_out);

/ * *  图元级属性检索
```

```
* @param  [in]  objects_in 输入的对象集(shp 文件)
* @param  [in]  condition 检索条件,即输入的属性值或属性范围
* @param  [out]  object_out 输出检索条件的对象(shp 文件)
* * /
ElementSearchbyAtt (objects_in,condition,object_out);

    / * *
   * @description 获取指定文件下的所有 shp 文件
   * @param filePath shp 文件存放的文件夹
   * @return 二维要素列表,其中每个列表为一个 shp 文件
   * @throws 无
   * /
public ArrayList<List<SimpleFeature>>getFeaturesList(String filePath){}

/ * *
   * @description 获得要素列表
   * @param shpFile shp 文件的名称
   * @return 要素列表
   * @throws 无
   * /
public List<SimpleFeature>getFeatureList(String shpFile){}

/ * *
   * @description 将二维要素列表转为 doc 类型格式,便于写 shp 文件
   * @param 二维要素列表
   * @return 二维要素 doc 列表
   * @throws 无
   * /
public ArrayList<List<Document>>getparseFeature2doc(ArrayList<List<SimpleFeature>>sim-
pleFeaturelist ){}

/ * *
   * @description 将要素列表转为 doc 类型格式,便于写 shp 文件
   * @param 要素列表
   * @return doc 要素列表
   * @throws 无
   * /
public List<Document>parseFeature2doc(List<SimpleFeature>SimpleFeature){}

/ * *
   * @description 将要素转为 doc 类型格式,便于写 shp 文件
```

```
    * @param 要素
    * @return doc 要素
    * @throws 无
    * /
public Document parseFeature2doc(SimpleFeature simpleFeature){}

/ * *
    * @description 将 doc 类型格式数据写入 shp 文件中
    * @param doc 列表
    * @return 无
    * @throws 当写入 shp 文件失败时,抛出 FactoryException 异常
    * /
public void parsedoc2shp(List<Document>documentList,String shpFile)throws FactoryException{}

/ * *
    * @description 对 shp 文件中的要素根据 cql 语句进行提取
    * @param shpname 文件名称 cql 查询语句,语句的编写规范可见 geotools 官方文档 http://docs.
geotools.org/latest/userguide/library/cql/cql.html
    * @return 无
    * @throws 当 filter 构建失败时,抛出 getFeatures 异常
    * /
public List<SimpleFeature>Selectbyattribute(String shpname, String cql) throws IOException,
CQLException{}

/ * *
    * @description 对多个 shp 文件中的要素,根据 cql 语句进行提取,并合并到一个 shp 文件中
    * @param shpnamelist 文件名称列表 cql 查询语句
    *  shpname 新生成的 shp 文件名,注意该名称唯一,不可重复
    * @return 无
    * @throws 无
    * /
public void ShpPocess(List<String>shpnamelist,String cql,String shpname)throws Exception{}
/ * *

    * @description 根据文件名将文件下载
    * @param shp 文件名(不带后缀)
    * @return 无
    * @throws Exception 上传失败会抛出异常
    * /
public void downloadshp(String shpname)throws Exception{}
/ * *
```

```
  * @description 获取 sho 文件的类型以及属性
  * @param shp 文件名(不带后缀)
  * @return 无
  * @throws IOException 读取失败抛出异常
  */
public void getTypeAndproperties(String shpname)throws IOException{}
/**


  * @description 根据文件名将文件上传
  * @param shp 文件名(不带后缀)
  * @return 无
  * @throws Exception 上传失败会抛出异常
  */
public void uploadshp(String shpname)throws Exception{}

// 处理上传的文件
private ByteArrayOutputStream processUploadFile(String filePath)throws Exception{}
/**
  * @description zip 压缩
  * @param shpname zip 名同 shp 名
  * @return 无
  * @throws RuntimeException 压缩失败会抛出运行时异常
  */

public void zipshpFiles(String shpname){}
/**
  * @description zip 解压
  * @param shpname zip 名同 shp 名
  * @return 无
  * @throws RuntimeException 解压失败会抛出运行时异常
  */
public void unzipshpFiles(String shpname)throws RuntimeException{}
```

3. JSON 服务封装

(1)操作方式,JSON 格式。Object_set:进行操作的 shp 文件名称,以“,”分隔。cqlString:进行图元属性选择的 cql 语句。Shp_name:将得到的图元属性整合到一个 shp 文件的文件名称。

```
{
        "Object_set":"obj1,obj2,obj3",
        "cqlString":"cql 查询语句 1",
        "Shp_name":" 新生成 shp 文件名"
}
```

例：

```
{ "Object_set":"1,2,3,","cqlString":"Shape_Area>'100'","Shp_name":"t"}
```

检索出文件 1、2、3 中，Shape_Area 大于 100 的所有图元，并合并到 shp 文件 t 中。

(2)cql 语句编写。

地类编码="071"：检索出地类编码为 071 的所有图元。

湿地斑块名 like"%河%"and 湿地斑块序=38：检索湿地斑块名包含"河"且湿地斑块顺序为 38 的所有图元。

例：

```
att1 >5;ogc:name="river"
```

数据库中使用 zip 文件存放 shp 文件，上传数据至服务器时，需将 shape 文件中的 .shp、.shx、.dbf、.prj 文件压缩成一个 zip 文件。

4. 结果展示与分析

高切坡特征数据为高切坡数据的子集，本书通过对 shp 文件进行处理，结合大数据挖掘与融合方法库中的方法，提取出符合条件的特征数据。

下面以图元检索功能为例加以说明。

(1)选取 shp 文件，从图层窗口选取用图元检索的图层(图 3-21)。

(2)点击"图元检索"，打开图元检索窗口；选择属性栏中的属性字段，该栏包含图层中所有属性；选择运算符并输入值，得到合法的检索语句，点击"确定"(图 3-22)，即可得到经过图元检索后的新的 shp 文件。

3.5.4 图像数据挖掘与融合方法

1. 算法模块设计

图像数据处理设计包括栅格计算算法设计和基于机器学习的图像分类算法设计，见表 3-10。

图 3-21　选取待查询 shp 文件

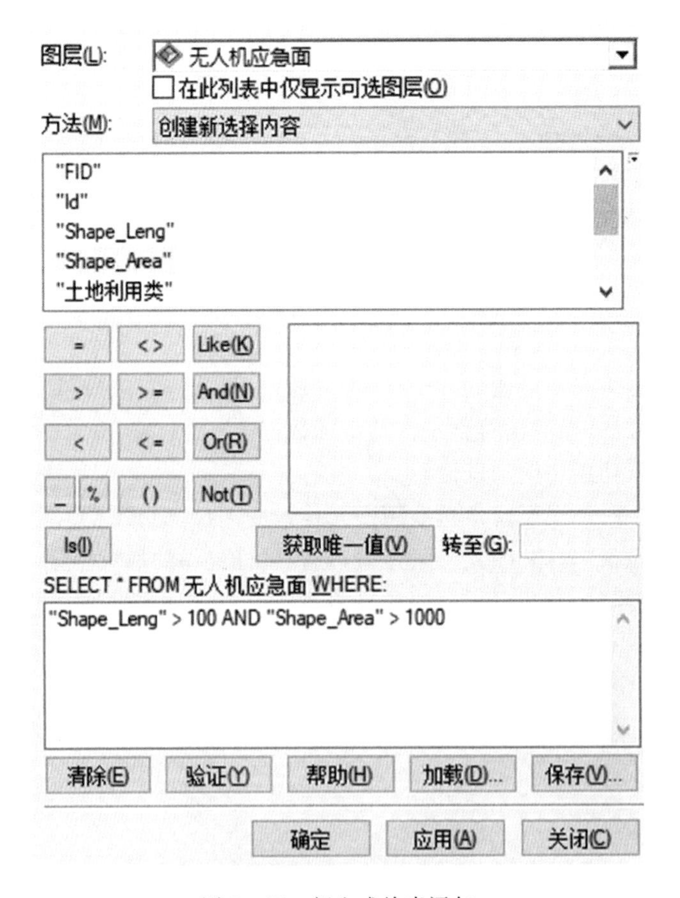

图 3-22　新生成检索语句

表 3-10 图像数据处理算法

算法	算法设计
栅格计算算法	算术运算(+、-、×、/)、布尔运算(and、or、not)、关系运算(>、>=、<、<=等)、函数运算(三角函数、对数函数等)
基于机器学习的图像分类算法	数据输入层(Inputlayer)、卷积计算层(CONVlayer)、ReLU 激励层(ReLUlayer)、池化层(Poolinglayer)、全连接层(FClayer)

2. 函数接口设计

1)图像增强处理函数接口

针对图像数据增强处理的函数接口设计,表 3-11 列出了函数接口设计的接口名称及作用。

表 3-11 图像增强处理函数接口名称及作用

接口名称	作用
picture_flipping(img_path,flipCode)	将传入的图像翻转
picture_zoom(img_path,width,height)	图像放缩操作
picture_rotation(img_path,degree)	图像旋转操作
picture_AffineTransform(img_path,point1,point2,borderValue)	图像仿射变换操作
picture_binarization(img_path)	图像二值化操作
picture_change_channels(img_path)	将彩色图像(三通道)转化为灰色图像(单通道)

函数参数说明:

```
/** 图像翻转
* @param  [in]  img_path 图像存放路径以及名字
* @param  [in]  flipCode 翻转模式,值为 0,垂直翻转;值大于 0,水平翻转;值小于 0,水平垂直翻转
* @param  [out] x  翻转后的 RGB 数值
**/
```

```
/** 图像放缩
* @param  [in]  img_path 图像存放路径以及名字
* @param  [in]  flipCode 翻转模式,值为 0,垂直翻转;值大于 0,水平翻转;值小于 0,水平垂直翻转
* @param  [out] x  翻转后的 RGB 数值
**/
```

```
/* * 图像旋转
* @param  [in]  img_path 图像存放路径以及名字
* @param  [in]  width 图像改变后的宽度
* @param  [in]  height 图像改变后的高度
* @param  [out] x  翻转后的 RGB 数值
* */

/* * 图像仿射变换
* @param  [in]  img_path 图像存放路径以及名字
* @param  [in]  point1 点 point1 的坐标
* @param  [in]  point2 点 point2 的坐标
* @param  [in]  borderValue 边界填充颜色(RGB 数值)
* @param  [out] x  经过仿射变换的 RGB 数值
* */

/* * 图像二值化
* @param  [in]  img_path 图像存放路径以及名字
* @param  [out] x  图像二值化后的数值
* */

/* * 将彩色图像(三通道)转化为灰色图像(单通道)
* @param  [in]  img_path 图像存放路径以及名字
* @param  [out] x  图像单通道后的数值
* */
```

2)图像数据机器学习算法处理接口

针对机器学习方法的函数接口设计,表 3-12 列出了函数接口设计的接口名称及参数说明。

表 3-12　机器学习接口名称及参数说明

接口名称	参数说明
picture_kmeans(picture_path,n_clusters)	K-means 聚类机器学习算法
picture_dbscan(picture_path,eps,min_samples)	DBSCAN 聚类机器学习算法
picture_birch(picture_path,n_clusters)	BIRCH 聚类机器学习算法
picture_full_connected(picture_path,target_label_list,y_size,iter_number,batch_number,x_feature_number,struct_node_array,is_train,picture_need_ sort,events_path,model_path_name)	机器学习神经网络算法

函数参数说明：

```
/ * * K - means 聚类
* @param  [in]  picture_path 待分类的图像文件夹路径
* @param  [out] x  图像单通道后的数值
* * /

/ * * DBSCAN 聚类
* @param  [in]  picture_path 待分类的图像文件夹路径
* @param  [in]  eps 邻域的距离阈值
* @param  [in]  min_samples 邻域的样本数阈值
* @param  [out] x  图像单通道后的数值
* * /

/ * * BIRCH 聚类
* @param  [in]  picture_path 待分类的图像文件夹路径
* @param  [in]  n_clusters(最大)分组个数
* @param  [out] x  图像单通道后的数值
* * /

/ * * 神经网络
* @param  [in]  picture_path 待分类的图像文件夹路径
* @param  [in]  target_label_list 分类类别列表
* @param  [in]  y_size 目标类别数
* @param  [in]  iter_number 训练中迭代次数
* @param  [in]  batch_number 代表下一个 batch 的大小
* @param  [in]  x_feature_number 目标特征数量
* @param  [in]  struct_node_array 输入层、隐藏层以及输出层结构
* @param  [in]  is_train 训练模型还是预测,1 代表训练模型,0 代表使用模型
* @param  [in]  picture_need_sort 待分类组图像路径
* @param  [in]  events_path event 文件路径
* @param  [in]  model_path_name 模型路径以及名字
* @param  [out] x  返回值由 is_train 决定,is_train=1 时代表建立模型,返回建立模型时的准确
率;is_train=0 时代表使用模型,返回预测结果
* * /
```

3. 结果展示与分析

1)图像预处理效果

在使用上述的数据预处理算法后,图像预处理效果见表 3 - 13。

表 3-13 图像预处理效果

处理方式	效果展示
图像翻转	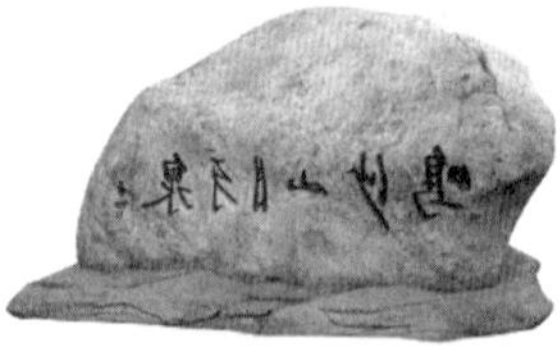
图像放缩	
图像旋转	
图像仿射变换	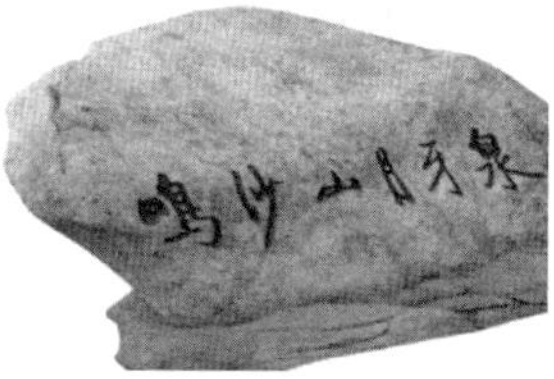
图像二值化	
将彩色图像(三通道)转化为灰色图像(单通道)	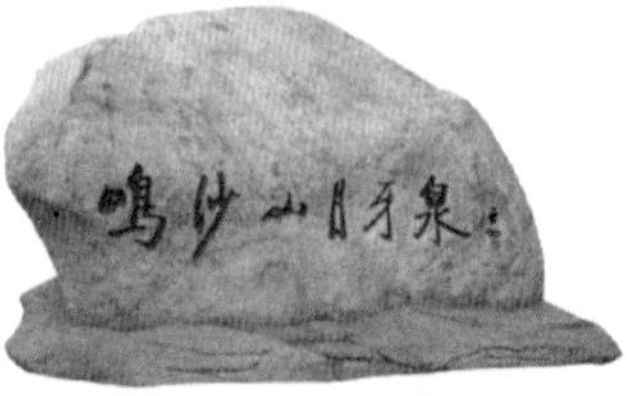

在数据处理算法中(以神经网络为例)，随着训练次数的增加，准确率以及 Loss 值的变化最终趋于 75%，见图 3-23。

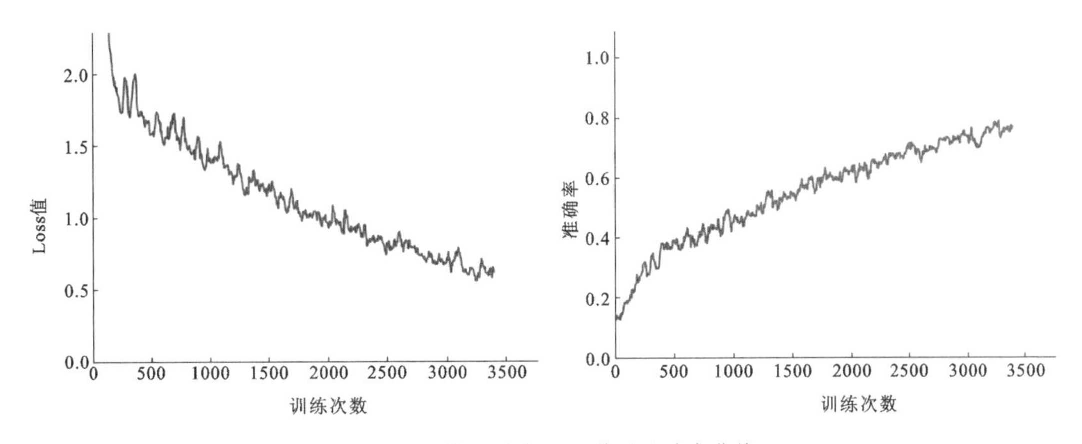

图 3-23　模型训练 Loss 值及准确率曲线

2)基于机器学习的图像识别效果

采用如表 3-14 所示的样例数据，使用机器学习算法进行训练，可得到训练模型。

表 3-14　数据挖掘所采用的图像集示例

岩石类型	特征图 1	特征图 2	特征图 3	特征图 4
粗面岩	石英粗面岩	气孔状粗面岩	石英粗面岩	粗面岩(黑色)
花岗闪长岩	花岗闪长岩	花岗闪长岩	花岗闪长岩	英云闪长岩

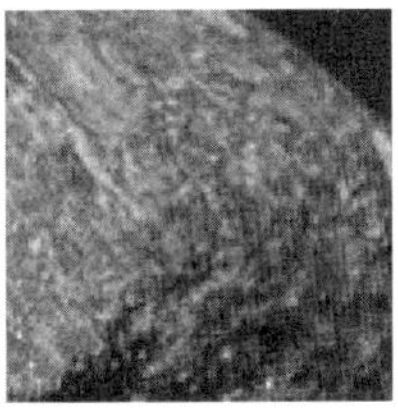

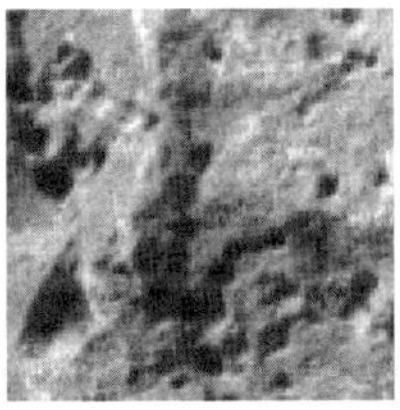

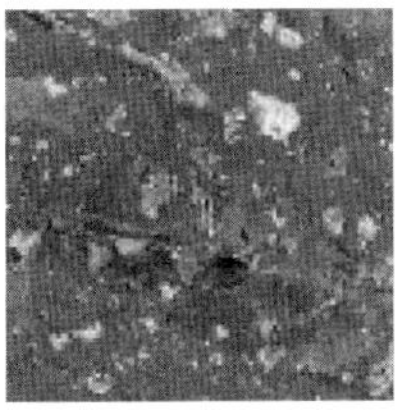

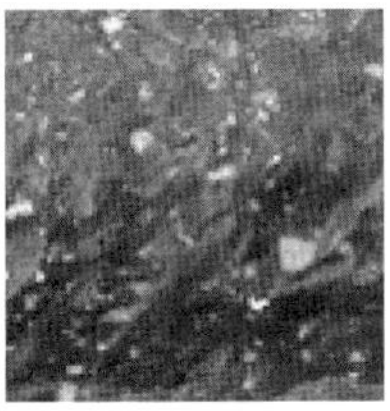

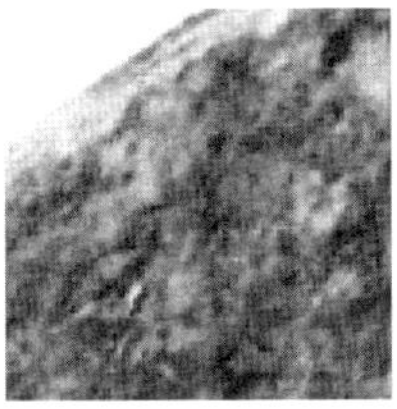

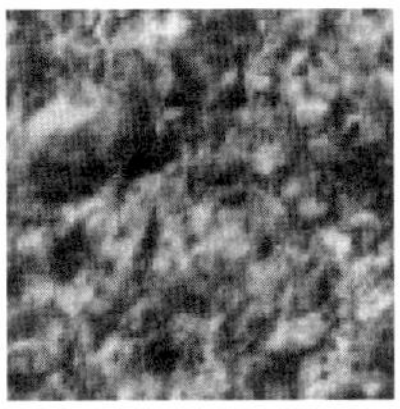

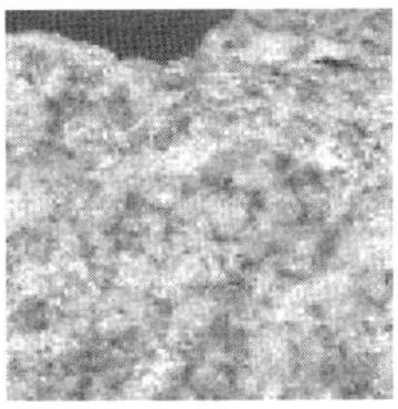

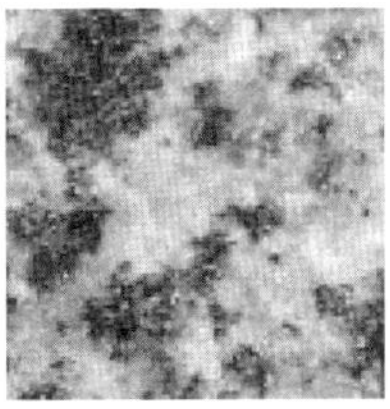

续表 3－14

岩石类型	特征图 1	特征图 2	特征图 3	特征图 4
辉长岩	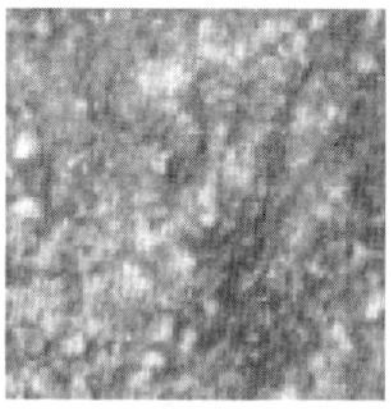		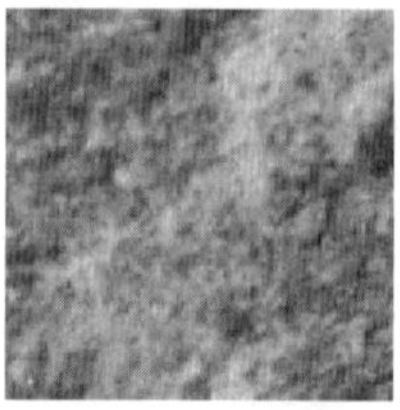	
	辉长岩	辉长岩	变质辉长岩	微晶辉长岩
流纹岩		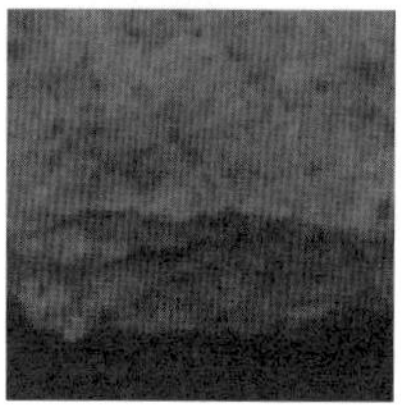		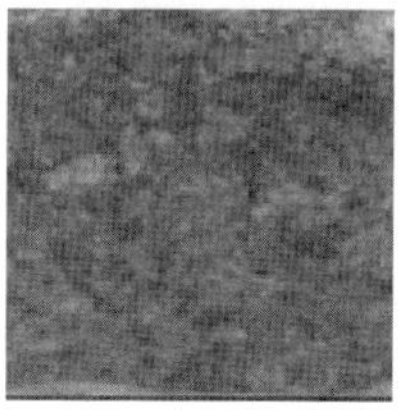
	流纹岩	流纹岩	流纹岩	流纹岩
闪长岩	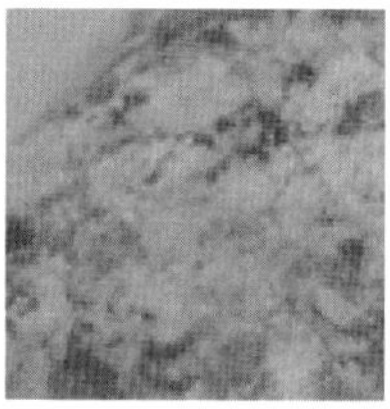	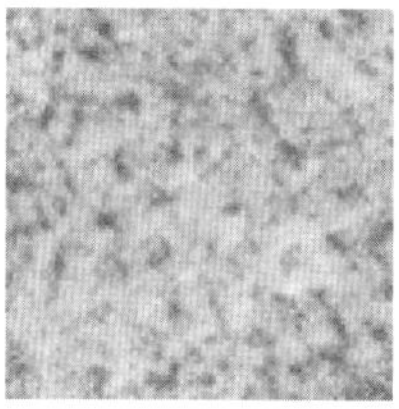		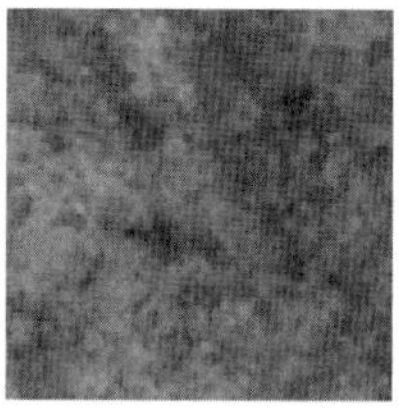
	闪长岩	石英二长闪长岩	石英闪长岩	中粒石英闪长岩
斜长岩		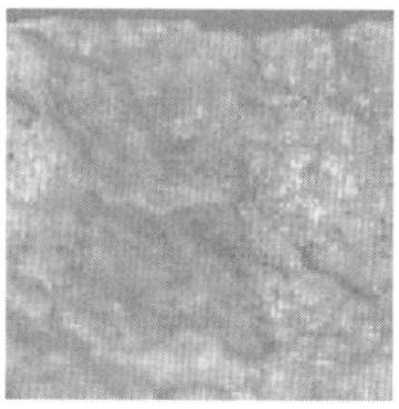	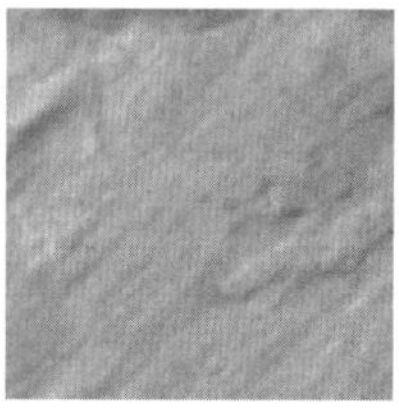	
	斜长岩	斜长岩	刚玉斜长岩	细粒斜长角闪岩
英云闪长岩			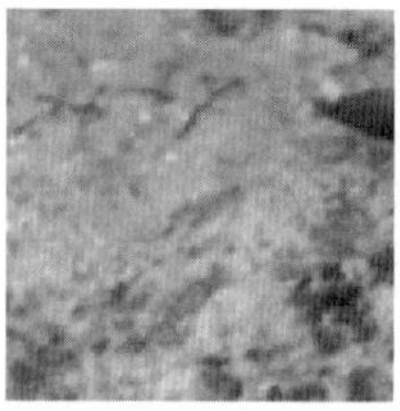	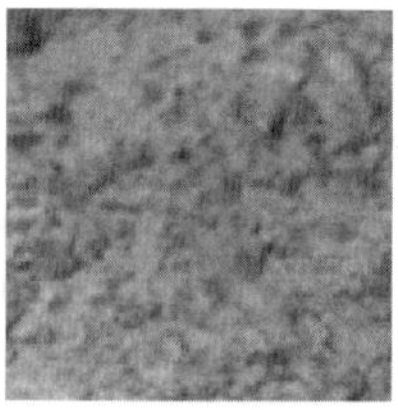
	英云闪长岩	英云闪长岩	中粒英云闪长岩	蚀变英云闪长岩

图 3-24 所示为实际图像对应的自动识别结果。

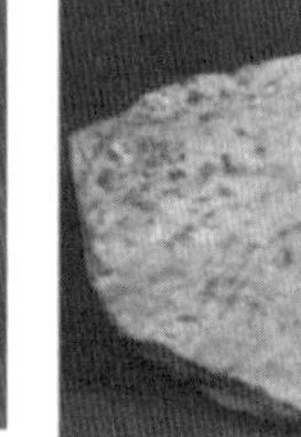

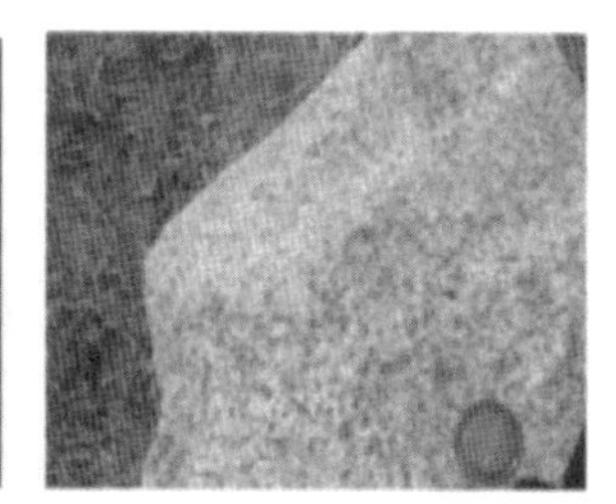

识别结果： 斜长岩

识别结果： 花岗岩闪长岩

图 3-24　图像识别效果图

3)图像信息自动识别

经由以下流程，可以完成对高切坡特征数据的提取。

(1)图像文本抓取(文字检测、文字识别)。对便携式网络图形(Portable Network Graphics，PNG)进行文本抓取，将文字信息从图像中提取出来(图 3-25、图 3-26)。从图像中提取出的文本信息可能会出现识别错误的情况，随着算法的不断改进，识别准确率会不断提高。

随着计算机、互联网和数字媒体等的进一步普及，以文本、图形、图像、音频、视频等非结构化数据为主的信息急剧增加，面对如此巨大的信息海洋，特别是非结构化数据信息，如何存储、查询、分析、挖掘和利用这些海量信息资源就显得尤为关键。↵

图 3-25　用于图像文本抓取的 PNG 格式图像

随 着 计 算 机 、 互 联 网 和 数 字 媒 体 等 的 进 一 步 普 及 ， 以 文 本 、 图 形 、 图 像 、 音 频 、 视 频 等 非 结 构 化 数 据 为 主 的 信 息 急 剧 增 加 ， 面 对 如 此 巨 大 的 信 息 海 洋 ， 特 别 是 非 结 构 化 数 据 信 息 ， 如 何 存 储 、 查 询 、 分 析 、 挖 掘 和 利 用 这 些 海 量 信 息 资 源 就 显 得 尤 为 关 键 。↵

图 3-26　从图像中提取出来的文字信息

(2)预处理。对抓取得到的文本信息进行预处理，去除符号和停用词，以进行下一步操作(图 3-27)。

随着计算机互联网和数字媒体等的进一步普及以文本图形图像音频视频等非结构化数据为主的信息急剧增加面对如此巨大的信息海洋特别是非结构化数据信息如何存储查询分析挖掘和利用这些海量信息资源就显得尤为关键。↵

图 3-27　对抓取的文本信息进行预处理后得到的结果

(3)文本分词。对预处理后的文本进行分词,得到可以用于自然语言处理的文本数据(图 3-28)。在进行文本分词时,如果没有加入专业知识,可能会出现部分词语拆分错误的情况。

随着 计算机 互联网 和 数字 媒体 等 的 进一步 普及 以 文本 图形 图像 音频 视频 等 非 结构化 数据 为主 的 信息 急剧 增加 面对 如此 巨大 的 信息 海洋 特别 是非 结构化 数据 信息 如何 存储 查询 分析 挖掘 和 利用 这些 海量 信息 资源 就 显得 尤为 关键↵

图 3-28 对预处理后的文本进行分词后得到的结果

本模块初步实现了从图像数据中抓取文本信息的功能,但文本抓取和分词性能都有待进一步提高。提高途径有增加训练集数量和添加专业领域词库等。

3.6 泛结构化一体化管理与调度

为了适应项目多平台多系统一体化集成访问的需求,基于 Web Service 数据发布技术实现了一种数据服务协议标准。为了简化整个数据访问的流程,采用 REST 方式来发布数据服务。

3.6.1 基于 JSON 格式的对象封装方法

在这套数据管理访问协议中,对象的承载格式采用 JSON 格式。JSON(JavaScript Object Notation,JS 对象简谱)是一种轻量级的数据交换格式,它基于 ECMAScript(欧洲计算机协会制定的 JS 规范)的一个子集,采用完全独立于编程语言的文本格式来存储和表示数据。简洁和清晰的层次结构使得 JSON 成为理想的数据交换语言,易于阅读和编写,同时也易于机器解析和生成,并可有效提升网络传输效率。

与 XML 一样,JSON 也是网络环境下数据封装的承载对象,相比于 XML,JSON 具有更轻量级、更容易理解、传输速度更快的优点。

在 JSON 格式中允许的数据类型包括:①数字(整数或浮点数);②字符串(在双引号中);③逻辑值(true 或 false);④数组(在方括号中);⑤对象(在花括号中);⑥NULL。

在花括号中书写 JSON 格式的对象时,其内部可以包含多个以“:”分隔的键值对(key-value),如下所示:

```
{ "Type":"Document" ,"Suffix":"pdf" }
```

在方括号中书写 JSON 数组时,数组可包含多个对象,如下所示:

```
{
    "Files":[
        { "Type":"Document","Suffix":"pdf" },
        { "Type ":"Document ","Suffix":"doc" },
        { "Type ":"Picture"," Suffix ":"jpg" }
    ]
}
```

3.6.2 基于 JSON 格式的数据一体化访问管理协议

为了一体化访问和管理泛结构化数据管理与分析系统中的数据，本书基于 JSON 格式，设计了一套数据一体化访问管理协议，数据协议的设计分为数据表示和交互指令两个部分。

1. 数据表示

数据表示见表 3-15～表 3-18。

表 3-15 数据集合

DataCollection：数据集合			
属性	描述	默认值	必需
items	数据条目：Item 构成的列表		是
size	当前集合数据条目数		是
total	数据库中数据总条目数(仅用于数据查询和检索功能)	NULL	否
示例			

{
"items":[
{
"title":"三峡",
"@attachment":"bWVldGluZ19wZXJzb25hbA=="
}
],
"size":1,
"total":100
}			

备注：Item 是一个字典对象，用于表示任意结构对象，内部包含若干个键值对，用于表示对象内部的若干个属性，键值名以“@”开头表示文件类型属性，其属性值以 Base64 格式进行编码，以字符串形式表达			

表 3-16　约束条件

<table>
<tr><td colspan="4">Constraint:约束条件</td></tr>
<tr><td>属性</td><td>描述</td><td>默认值</td><td>必需</td></tr>
<tr><td>field</td><td>字段名</td><td></td><td>是</td></tr>
<tr><td>value</td><td>字段值</td><td></td><td>是</td></tr>
<tr><td>occur</td><td>约束条件类型:“MUST”,“SHOULD”,“MUST_NOT”,“SHOULD_NOT”</td><td></td><td>是</td></tr>
<tr><td colspan="4">示例</td></tr>
<tr><td colspan="4">{
"field":"title",
"occur":"MUST",
"value":"三峡"
}</td></tr>
</table>

表 3-17　属性条目

<table>
<tr><td colspan="4">Term:属性条目</td></tr>
<tr><td>属性</td><td>描述</td><td>默认值</td><td>必需</td></tr>
<tr><td>field</td><td>字段名</td><td></td><td>是</td></tr>
<tr><td>value</td><td>字段值</td><td></td><td>是</td></tr>
<tr><td colspan="4">示例</td></tr>
<tr><td colspan="4">{
"field":"title",
"value":"三峡"
}</td></tr>
</table>

表 3-18　关键词

<table>
<tr><td colspan="4">Keyword:关键词</td></tr>
<tr><td>属性</td><td>描述</td><td>默认值</td><td>必需</td></tr>
<tr><td>keyword</td><td>关键字</td><td></td><td>是</td></tr>
<tr><td>occur</td><td>约束条件类型:“MUST”,“SHOULD”,“MUST_NOT”,“SHOULD_NOT”</td><td>“MUST”</td><td>否</td></tr>
<tr><td colspan="4">示例</td></tr>
<tr><td colspan="4">{
"keyword":"高切坡",
"occur ":" SHOULD "
}</td></tr>
</table>

2. 交互指令

交互指令见表 3-19～表 3-23。

表 3-19 添加数据

InsertOperation:添加数据			
属性	描述	默认值	必需
type	操作类型	insert	是
schema	模式名		是
data	待添加的数据集合:DataCollection		是
示例			

```
{
    "data":{
        "items":[
            {
                "title":"三峡 1",
                "content":"......"
              "@FILE":filedata
            },
          {
                " title ":"三峡 2",
                "content":"......"
              "@FILE":filedata
            }
        ],
        "size":1,
    },
    "schema":"DOCUMENT",
    "type":"insert"
}
```

表 3-20 查询数据

QueryOperation:查询数据			
属性	描述	默认值	必需
type	操作类型	query	是
schema	模式名	“”	是

续表 3-20

page	页码	1	否
pagesize	每页最大显示条目数	10	否
constraints	约束条件:Constraint 构成的列表		是
示例			

```
{
    "constraints":[
        {
            "field":"content",
            "occur":"MUST",
            "value":"高切坡"
        },
        {
            "field":"title",
            "occur":"MUST",
            "value":"三峡"
        },
    ],
    "page":1,
    "pagesize":10,
    "schema":"DOCUMENT",
    "type":"query"
}
```

表 3-21 修改数据

UpdateOperation:修改数据			
属性	描述	默认值	必需
type	操作类型	update	是
schema	模式名		是
constraints	约束条件:Constraint 构成的列表		是
modifications	修改条目:Term 构成的列表		是
示例			

```
{
    "constraints":[
        {
```

续表 3-21

```
            "field":"title",
            "occur":" MUST ",
            "value":"三峡"
        }
    ],
    "modifications":[
        {
            "field":"title",
            "value":"三峡高切坡"
        }
    ],
    "schema":"DOCUMENT",
    "type":"update"
}
```

表 3-22 删除数据

DeleteOperation:删除数据			
属性	描述	默认值	必需
type	操作类型	delete	是
schema	模式名		是
constraints	约束条件:Constraint 构成的列表		是

示例

```
{
    "constraints":[
        {
            "field":"title",
            "occur":" MUST ",
            "value":"三峡"
        }
    ],
    "schema":"DOCUMENT",
    "type":"delete"
}
```

表 3-23 检索数据

SearchOperation:检索数据			
属性	描述	默认值	必需
type	操作类型	query	是
schema	模式名		是
page	页码	1	否
pagesize	每页最大显示条目数	10	否
keywords	关键词:Keyword 构成的列表		是

示例


```
{
    "keywords":[
        {
            "keyword":"三峡",
            "occur":"MUST"
        },
        {
            "keyword":"高切坡",
            "occur":"SHOULD"
        }
      {
            "keyword":"秭归",
            "occur":"SHOULD"
        }
    ],
    "page":1,
    "pagesize":10,
    "schema":"DOCUMENT",
    "type":"search"
}
```

3.7 泛结构化数据管理与调度系统的集成

3.7.1 基于服务的云平台集成方法

云平台(Cloud Platforms)提供基于"云"的服务,供开发者创建应用时采用。云平台允许开发者将写好的程序放在"云"里运行,或使用"云"里提供的服务。每个户内应用都有一定的功能,它们可以不时地访问"云"里针对该应用提供的服务,以增强其功能。由于这些服务仅能被该特定应用所使用,所以可以认为它们是附着于该应用的,称为附着服务(Attached Services)。

云平台包括3种云服务:基础设施即服务、平台即服务、软件即服务。

IaaS:Infrastructure as a Service(基础设施即服务),是指云平台提供商提供场外服务器、存储和网络硬件。用户可以租用此服务,节省维护成本和办公场地的使用费。

PaaS:Platform as a Service(平台即服务),某些时候也叫作中间件。PaaS提供各种开发和分发应用的解决方案,比如虚拟服务器和操作系统。这节省了用户在硬件上的费用,也让分散的工作室之间的合作变得更加容易。大的PaaS提供者有Google App Engine、Microsoft Azure、Force. com、Heroku、Engine Yard。最近兴起的有AppFog、Mendix和Standing Cloud。

SaaS:Software as a Service(软件即服务)。SaaS和用户的生活紧密相连,大多通过网页浏览器接入,任何一个远程服务器上的应用都可以通过网络来运行。一些用作商务的SaaS应用包括Citrix的GoToMeeting、Cisco的WebEx、Salesforce的CRM、ADP、Workday和SuccessFactors。

云平台的集成方法具体为:在服务器上部署相应环境,安装JDK、设置环境变量以及安装tomcat服务器;然后将开发的泛结构化数据管理与调度系统通过Maven导出并形成一个war包(Web应用程序);最后将war包部署到tomcat服务器的webapps目录下,启动tomcat服务器。这样就可以使用泛结构化数据管理与调度系统提供的各种数据服务。

服务的具体使用需要参照3.1.2中JSON的服务协议,在云平台中添加相应的前端页面以及用户录入数据处理流程,整理成相应格式的JSON,发送给后台并调用相应的功能,从而使用相应的服务。

前、后端交互主要通过JSON传输统一格式的数据内容,包括用户的操作信息、数据录入信息以及用户上传的文档信息等。这样就产生了文档数据传输过程中的安全问题。文档数据通过Base64编码写入JSON中,是可以被拦截并且解码的,可以考虑采用MD5(Message - Digest Algorithm,消息摘要算法)、SHA(Secure Hash Algorithm,安全散列算法)等加密方式进行加密处理。

3.7.2 基于云平台制定规则的集成

1. 技术说明

XData大数据智能引擎数据建模使用了自主研发类结构化查询语言(Structured Query Language,SQL)的决策程序语言(Decision Programming Language,DPL)。在自助建模过程中,平台会将整个实验或者建模过程拼接为DPL管道。语法解析器将每个DPL管道分解为一个计算任务。最终自定义算子也会按照以上流程,以单独计算任务的方式被调用。本书开放了基于Java版Spark架构的一套SDK,供数据建模平台使用者根据自身需求自定义开发算子组件。开发技术版本要求见表3-14。

表3-24 开发技术版本要求表

开发工具	版本要求
Spark	2.2.2
JDK	1.8及以上

2. 开发流程说明

基于XData大数据智能引擎云平台的自定义算法开发流程见图3-29。

详细流程如下。

(1)在自定义算法页面下载开发者文档algorithmSDK.zip,包含aus-dpl-algorithm-4.3.jar、aus-dpl-core-4.3.jar、algorithmconf.xml、自定义算法开发文档.doc。

(2)将第一个环节中的两个jar包安装到本地Maven仓库中。

(3)在项目poe.xmL中添加依赖文件。详见3.7.2.3中的实例说明。

(4)自定义算法需实现aus-dpl-algorithm.jar中的AlgorithmInterface接口,以process为入口进行算法开发。

(5)编写参数说明文档,将编写完成的参数文档放在项目resource根目录下,并命名为algorithmconf.xml,一并打包成jar包。

(6)将jar包名称修改为与algorithmconf.xml中的名称一致。

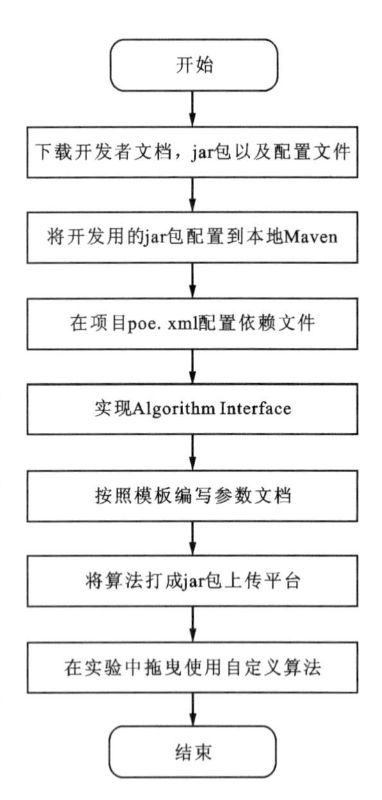

图3-29 自定义算法开发流程图

（7）在自定义算法管理界面上传自定义算法 jar 包。上传成功的自定义算法，可在实验管理面板中拖拽使用。

3. 算法集成实例

（1）在自定义算法管理页面，下载开发者文档。

（2）配置自定义算子依赖关系。

```
    <dependency>
    <groupId>com. sugon. aus</groupId>
    <artifactId>aus - dpl - algorithm</artifactId>
    <version>4. 3</version>
</dependency>
    <dependency>
    <groupId>com. sugon. aus</groupId>
    <artifactId>aus - dpl - core</artifactId>
    <version>4. 3</version>
</dependency>
    <dependency>
        <groupId>org. apache. spark</groupId>
        <artifactId>spark - core_2. 11</artifactId>
        <version>2. 2. 0</version>
        <exclusions>
            <exclusion>
                <groupId>com. google. guava</groupId>
                <artifactId>guava</artifactId>
            </exclusion>
        </exclusions>
    </dependency>
    <dependency>
        <groupId>org. apache. spark</groupId>
        <artifactId>spark - sql_2. 11</artifactId>
        <version>2. 2. 0</version>
        <exclusions>
            <exclusion>
                <groupId>org. mortbay. jetty</groupId>
                <artifactId> * </artifactId>
            </exclusion>
            <exclusion>
                <groupId>org. eclipse. jetty. orbit</groupId>
                <artifactId> * </artifactId>
```

```
            </exclusion>
        </exclusions>
    </dependency>
```

(3)进行代码编写。

```
    //继承 AlgorithmInterface 接口,重写 process 函数
    public Dataset<Row> process(SparkSession sparkSession, Map<String, Object> map, Dataset
<Row>... datasets){
    this.sparkSession = sparkSession;
    if(datasets.length == 0){
        return null;
    }
    datasets[0].createOrReplaceTempView("dataset2");
    datasets[1].createOrReplaceTempView("dataset1");

    StringBuilder stringBuilder = new StringBuilder("select sentense,label from dataset2 ");
    stringBuilder.append(map.get("joinType")+" ").append("select sentense,label from dataset1");
    Dataset<Row>datasetOut= sparkSession.sql(stringBuilder.toString());

    return datasetOut
            .withColumn("outputLable",datasetOut.col("label"))
            .withColumn("outputSentence",datasetOut.col("sentense"));
    }
```

(4)完成代码编写后,填写参数说明文档。编写完成后,命名为 algorithmconf.xml,并放在 resource 根目录下。

```
    <?xml version="1.0" encoding="utf-8"?>
<!--自定义算法定义规则-->
<AlgorithmDefined>
  <!--名称-->
  <Name>myAlgorithm</Name>
  <!--版本-->
  <Version>v1.0</Version>
  <!--描述-->
  <Description>自定义算子测试</Description>
  <!--调用类路径-->
  <ClassPath>com.ouy.myAlgorithm</ClassPath>
  <!--输入列信息-->
```

```
<InputInfos>
  <!--可以同时处理 n 个数据集数据-->
  <DataSetNum>1</DataSetNum>
  <!--每个数据集要求的数据信息-->
  <DataSetInputInfo>
    <!--每个数据集包含输入列-->
    <InputColNum>1</InputColNum>
    <InputInfo>
      <!--数据集的输入列名-->
      <InputColName>sentense</InputColName>
      <!--数据集输入列类型-->
      <InputColType>4</InputColType>
      <!--数据集输入列描述-->
      <InputColDesc>数据集 2 文本列</InputColDesc>
    </InputInfo>
  </DataSetInputInfo>
</InputInfos>
<!--算子输出列信息,只能输出一个数据集-->
<OutputInfos>
  <!--算子输出数据集包含多少列-->
  <OutputColNum>1</OutputColNum>
  <!--输出数据集列信息-->
  <OutputInfo>
    <!--输出数据集列名称-->
    <OutputColName>outputSentence</OutputColName>
    <!--输出数据集列类型-->
    <OutputColType>4</OutputColType>
    <!--输出数据集列描述-->
    <OutputColDesc>输出文本列</OutputColDesc>
  </OutputInfo>
</OutputInfos>
<!--算子运算需配置参数-->
<Parameters>
  <!--所需参数个数-->
  <ParameterNum>1</ParameterNum>
  <!--每一个参数信息-->
  <Parameter>
        <ParameterType>4</ParameterType>
    <!--参数名称-->
    <ParameterName>where</ParameterName>
    <!--参数展示名称-->
```

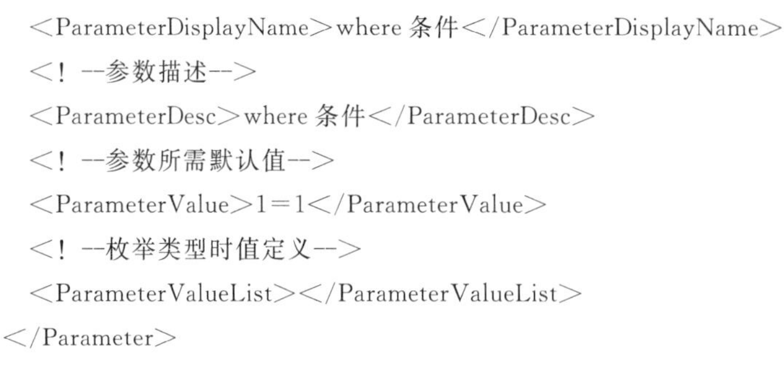

```
    <ParameterDisplayName>where 条件</ParameterDisplayName>
    <! --参数描述-->
    <ParameterDesc>where 条件</ParameterDesc>
    <! --参数所需默认值-->
    <ParameterValue>1=1</ParameterValue>
    <! --枚举类型时值定义-->
    <ParameterValueList></ParameterValueList>
  </Parameter>
 </Parameters>
</AlgorithmDefined>
```

(5)算法打包，其中 jar 包名称为 myAlgorithm. jar，且与配置文件中的名称一致。通过自定义算子管理界面添加按钮，将自定义算子导入平台中。

(6)导入成功后，在实验管理界面能够对算子进行拖拽使用。

4. 数据挖掘算法集成平台效果展示

算法集成到云平台上的结果见图 3-30～图 3-33。

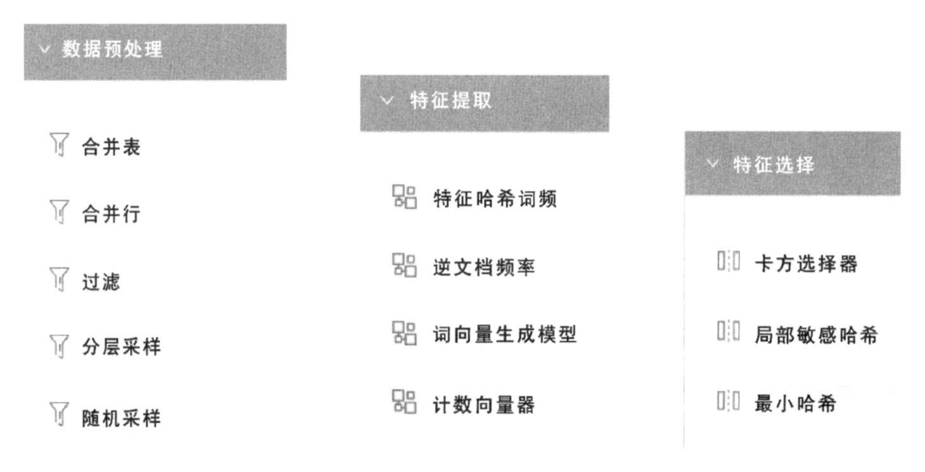

图 3-30　数据预处理、特征提取、特征选择算法集成

特征转换
分词器
停词移除
StringIndexer
IndexToString
Vec-Assembler
VectorIndexer
二值化
N元模型
主成分分析
多项式扩展
最大值-绝对值缩放
正则化
分位数离散器

图 3-31　特征转换算法集成

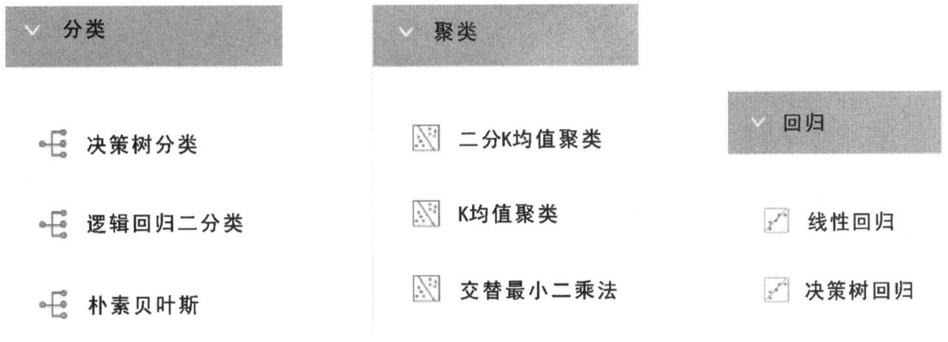

分类

决策树分类

逻辑回归二分类

朴素贝叶斯

聚类

二分K均值聚类

K均值聚类

交替最小二乘法

回归

线性回归

决策树回归

图 3-32 分类、聚类、回归算法集成

评估

多分类评估

回归评估

二分类评估

自定义

保序回归算法

LDA主题模型

SGD支持微量机

svm

随机森林分类

随机森林回归

梯度回归

幂迭代聚类

奇异值分解

平台样例测试测试算法

梯度提升分类算法

图 3-33 评估模型及自定义算法

4 移民安置区高切坡地质安全云平台

移民安置区高切坡地质安全云平台基于大数据和云计算等新型信息技术，搭建三峡库区高切坡智能监管云环境，实现对高切坡的概况、空间分布、实时预警和安全状况等信息的全域智能监管，以满足各级职能部门对高切坡实时监控和科学管理的需要。

4.1 云平台研究内容

为构建跨地域、跨学科、分布式的云工作环境，实现高切坡数据集成、数据存储和应用集成，移民安置区云平台主要从高切坡地质安全智能管控云平台架构、支持环境、数据集成、应用集成和平台服务等方面开展研究工作。

4.1.1 高切坡地质安全智能管控云平台架构

(1)以三峡工程湖北库区移民安置区高切坡地质安全监管服务为业务主线，通过对三峡工程湖北库区移民安置区高切坡监控和管理业务的调研，确定高切坡数据集成、数据存储、数据管理、预测预警和成果发布的方法，建立高切坡地质安全智能管控云平台业务架构。

(2)根据高切坡地质安全智能管控云平台业务架构，围绕高切坡数据管理、数据调度、数据服务、智能分析和成果管理等核心业务，设计三峡工程湖北库区移民安置区高切坡地质安全大数据集成、存储管理、智能分析系统架构。

(3)根据高切坡地质安全智能管控云平台总体逻辑架构，结合云计算和大数据技术特点，设计并实现适合高切坡地质安全智能管控云平台的技术架构。

(4)基于高切坡地质安全智能管控云平台业务、系统和技术架构，采用前、后端分离原则，设计并实现高切坡地质安全智能管控云平台功能架构。

4.1.2 高切坡地质安全智能管控云平台的支持环境

研究并明确高切坡智能管控云平台运行的软硬件环境要求，为高切坡智能管控平台的迁移部署作好准备。

根据平台业务的数据量和用户群体，研究高切坡智能管控云平台运行的环境需求，提出云平台的部署与实现方案；研究平台所处的网络环境，提出数据传输、数据存储、数据服务和网络安全方案；研究平台实现需求，提出软件环境部署方案和大数据平台的构建方案。

4.1.3 高切坡地质安全智能管控云平台数据集成

研究高切坡的结构化数据、非结构化数据和网络众源数据，建立基于泛结构化数据集成的总体架构；研究高切坡基础数据、地质背景数据和相关监测数据，明确输入数据要求、建立数据服务接口和数据输出格式，实现对高切坡相关结构化数据的集成与管理；研究高切坡相关文档数据、图形图像数据等非结构化数据，明确输入数据要求、建立数据服务接口和数据输出格式，实现对高切坡相关非结构化数据的采集与管理；研究三峡库区气象数据和三峡库区库水位数据等网络众源数据，明确网络众源数据要求、建立数据服务接口和数据输出格式，实现对高切坡相关网络众源数据的集成与管理。

4.1.4 高切坡地质安全智能管控云平台应用集成

分别实现对三峡工程湖北库区宜昌市夷陵区、秭归县、兴山县及恩施土家族苗族自治州巴东县4个县(区)的高切坡概况、高切坡GIS分布情况、高切坡实时预警信息和高切坡安全状况等全域、区域、单体高切坡的智能监管；实现对全域、区域、单体高切坡的稳定性智能分析；实现对全域、区域、单体高切坡稳定性评估和综合评估的预测成果管理；研究平台的系统管理，实现对平台的部门、用户、角色、权限和用户日志的检索等管理功能。

4.1.5 高切坡地质安全智能管控云平台的平台服务

研究科学的用户授权访问机制，优化高切坡智能管控云平台数据访问控制，建立部、厅、县(区)三级用户数据授权机制，加强非授权用户的数据访问控制管理，实现三峡库区高切坡数据的可用和可控。

研究定时预警机制，实现定时预警，如在每月某个固定时间，系统自动对4个县(区)所有高切坡进行自动触发式扫描和评估，并向相关管理人员和技术人员报送移民安置区高切坡整体及可能存在安全隐患问题的高切坡的安全评估报告；研究按需预警机制，依据实际需要，比如在有连续降雨或有强降雨时，对4个县(区)移民安置区高切坡进行全面扫描、评估和预警服务；研究阈值预警机制，依据每个高切坡的实际情况，比如裂缝宽度等设定每个高切坡的安全阈值，通过观测或计算，当发现某个数值达到阈值时，系统会实时向4个县(区)的主要管理人员发出预警信息；研究预警提醒机制，如在本次评估结论中确定了需要重点关注的高切坡，系统会在评估结果出来的同时，对4个县(区)的相关管理人员进行预警提醒。

4.1.6 高切坡地质安全智能管控云平台的用户体验

设计出既能实现前、后端分离的安全性较高的前端技术，又能充分理解用户需求、简洁准确地展示用户数据的友好界面；满足用户基于地图定位模式对视频、图像等多媒体数据进行多维度灵活展示的需求。

减少数据采集和集成工作量，如对三峡库区气象数据、三峡库区水位数据实现自动获取，批量导入高切坡数据；多维度展示数据，支持全域、区域和单体多维度高切坡数据管理和GIS空间分布信息展示；定时发送服务，支持区域、单体高切坡地质安全智能预测服务，并将数据定时发送给相关监管人员，方便监管人员实时获取高切坡地质安全信息；减轻运维负担，高切坡地质安全智能管控云平台采用前、后端分离的Web应用架构，可实现业务的快速部署和管理，极大地减轻了系统管理人员的运行维护负担；建立分级授权的安全管理机制，实现水利部、湖北省水利厅和三峡库区4个县(区)分级授权管理；支持多浏览器，如支持IE、360、Google、火狐等通用浏览器，达到不需要安装任何插件就能使用的效果，易学易用。

4.2 高切坡地质安全智能管控云平台架构

移民安置区高切坡地质安全智能管控云平台是以三峡工程湖北库区移民安置区高切坡为研究对象，基于大数据思维建立从数据的采集、处理、建模、预警分析到预报发布的功能适度的泛结构化数据管理与调度的高切坡地质安全智能管控云平台。三峡工程湖北库区移民安置区高切坡地质安全智能管控云平台架构包括4个方面：业务架构、系统架构、技术架构和功能架构。

4.2.1 业务架构

以三峡工程湖北库区移民安置区高切坡监管服务为业务主线，高切坡智能管控云平台业务架构见图4-1。

1. 业务数据

三峡工程湖北库区移民安置区高切坡地质安全相关数据是一种多来源、大数量、多类型、多格式、多尺度、多参照系、多精度、标准化程度差、数字化程度不同、密级不同的多源异质异构大数据，既有大量的结构化数据，也有大量的非结构化数据。本项目业务数据是指三峡工程湖北库区宜昌市夷陵区、秭归县、兴山县及恩施土家族苗族自治州巴东县4个县(区)的静态数据和动态数据。

静态数据包括高切坡地质背景数据、高切坡施工防护数据。高切坡地质背景数据包含地质背景基本信息、地层、地质代号、岩性、区域地质灾害背景信息等结构化数据。高切坡施工防护数据包含高切坡防护工程基本信息、高切坡防护工程措施信息及详情等结构化数据和高切坡勘察设计报告及高切坡防护施工报告等非结构化数据。

动态数据包括高切坡专业监测数据、群测群防数据以及网络众源数据。高切坡网络众

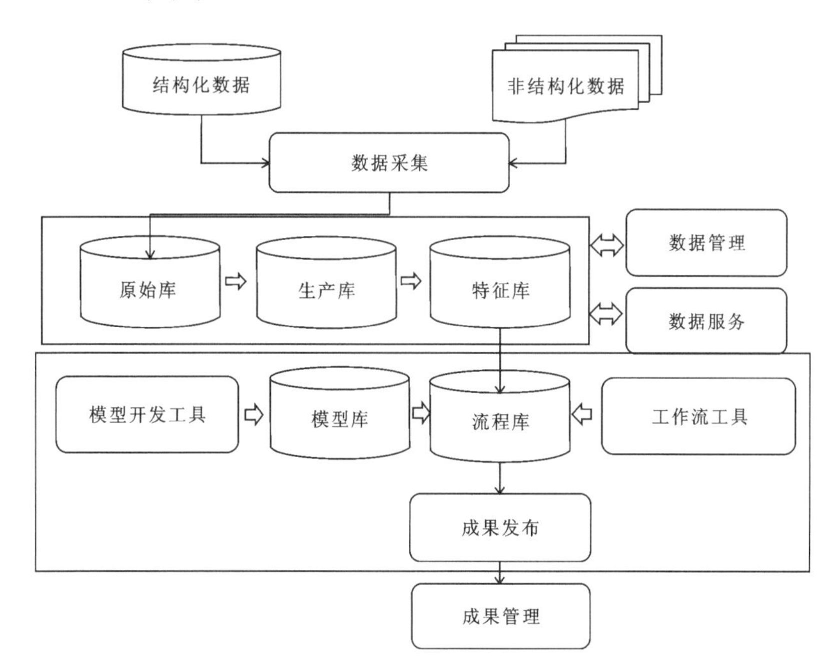

图4-1 移民安置区高切坡智能管控云平台业务架构

源数据包括天气数据和三峡水库库水位数据。天气数据包含宜昌市夷陵区、秭归县、兴山县及恩施土家族苗族自治州巴东县4个县(区)的温度、湿度、降水等关键逐时气象数据。天气数据来源于国家气象数据中心公开发布的数据集,可利用天气数据爬虫进行实时获取和存储。三峡水库库水位数据包括三峡水库库水位历史数据和实时数据。三峡水库水位数据来源于水利部长江水利委员会发布的数据集。历史数据可通过前期收集和整理后,导入三峡水库库水位数据库;实时数据可通过库水位数据爬虫进行实时获取和存储。

2.数据采集

高切坡数据从数据结构上可分为结构化数据和非结构化数据。对于结构化数据,通过结构化数据服务协议,把高切坡地质背景信息、防护施工信息等关系型数据录入Oracle数据库中。

对于非结构化数据,采用非结构化数据服务协议,实现将高切坡防护工程勘察设计和施工报告等文件报告上传到分布式文件系统HDFS的功能,并将文件名称、文件所在位置、文件所属类别、文件类型等信息进行结构化存储。

系统运行产生的日志数据、监控数据(集群监控、业务监控、用户监控)、各类系统之间的交互数据和部分网络众源数据可存储到Hive分布式大数据库中,并可用SQL方式快速检索PB级海量数据。

3.数据存储和管理

按照业务数据的存储方式和应用特点,将数据分为原始库、生产库、特征库和成果库。

原始库内数据可通过数据采集系统获取，结构化数据可以存储在关系型数据库(Oracle、MySQL)中，对非结构化数据可采用文件系统存储方式进行存储。原始库中的数据只能读，不能修改或删除。从数据安全出发，可以考虑对原始库实施定时备份策略。

生产库是移民安置区高切坡地质安全智能管控云平台主数据库。通过大数据集成系统，原始库实时地将数据集成到生产库。结构化数据通过关系型数据库存储，非结构化数据采用ES(Elastic Search数据库)等存储方式，基于HDFS大数据分布式文件系统进行存储。生产库内数据可读可写。

特征库也是移民安置区高切坡地质安全智能分析主数据库。根据高切坡地质安全智能分析要求，通过大数据集成系统，从生产库抽取信息构成特征数据库。特征数据库通过Hive存储。特征数据库可读、可写、可快速检索。

成果库主要存储智能管控云平台的各类成果信息，比如每次生成的智能预测结果数据等。

4. 可视化智能分析

项目组基于大数据智能分析引擎，建立区域高切坡和单体高切坡智能分析模型；利用可视化工作流建模工具，定义区域高切坡或单体高切坡智能分析模型，定制模型相应的特征数据集和分析算法；在对定义模型测试通过后，发布模型。

5. 成果发布和管理

管理人员可以通过RabbitMQ消息队列服务设置智能分析模型运行策略和发布-订阅策略，同时采用WebSocket长连接模式，将系统生产的告警信息主动发送给用户端，实现即时消息模型。运行策略是指模型运行方式，包括独立运行、定时运行和周期运行3种方式。独立运行是指模型只运行一次后就停止运行；定时运行是指模型在规定的时间点启动运行，运行完成后停止运行；周期运行是指模型在规定的某个时间(如每月的1日0:0:0)启动运行。发布-订阅策略是指用户订阅某种运行方式，模型运行完成后，会通过成果发布将模型运行结果主动发送给订阅者。

4.2.2 系统架构

项目组根据业务架构和云计算、大数据技术特点，围绕高切坡数据管理、数据调度、数据服务、智能分析和成果管理等核心业务，以三峡工程湖北库区移民安置区高切坡地质安全大数据的集成采集、融合共享、统一分析为技术主线进行架构设计。

1. 基础设施层

基础设施层采用物理机与虚拟机相结合的设计方式，充分保障基础设施资源的利用率，保障平台和系统运行性能。

大数据平台是云平台稳定、安全运行的重要保障。大数据平台依托物理资源，包括由4台机架式服务器构成的大数据集群系统、SAN存储系统、私有网络系统和系统软件

(CentOS7操作系统、Oracle 12g、MySQL、Tomcat、ES、Hive、HBase、HDFS、RabbitMQ、WebSocket应用中间件等)。

为了保证提供弹性的云应用服务,利用虚拟机来部署云应用服务,可以按需提供高切坡地质安全智能管控云服务。

2. 大数据平台

大数据平台是高切坡地质安全智能管控云平台的重要支撑平台。大数据平台包括大数据系统、大数据集成系统和大数据智能分析引擎三大部件。

大数据系统基于HDFS开源大数据技术,提供了数据存储、数据处理、数据分析、数据可视化等大数据通用功能。支持海量数据处理,能够对结构化和非结构化的数据进行分析、查询和计算处理,数据处理能力可以达到PB级别以上;根据集群环境业务的需求,可以方便地对平台的计算能力和存储空间进行扩展;通过简单、轻松的节点管理可以方便、快捷地满足服务资源的扩展需求,不会对系统和服务产生架构影响;通过提供分布式存储和恢复机制,保证了数据的可靠性,另外提供了各种监控告警功能,能够及时对平台环境出现的异常和问题进行应对与处理,避免问题持续造成严重影响;分布式文件系统和基于此环境的查询和数据处理模式,提供了高效的海量数据处理功能,可插拔式服务模型框架的设计与实现,很好地支持了新增服务组件的扩展需求,为业务的扩展和变化提供了快速的响应支撑。

大数据集成系统以B/S架构、Web页面形式向管理员提供友好的人机操作接口;数据集成系统为管理员提供了丰富、可视、易用的管理功能,管理员可以通过界面轻松实现作业设计、作业监控、用户管理、日志管理功能功能。大数据集成系统可实现传统结构化数据(支持Oracle、MySQL、SQL Server)、传统非结构化数据(文件系统FS、FTP)和其他大数据系统到大数据系统存储组件(HDFS、HBase、Hive、ES等)的数据集成任务。

ES是一个分布式、可扩展、实时的搜索与数据分析引擎。开发大数据智能引擎自助式可视化分析系统为用户提供了丰富、可视、易用的管理功能,用户可以通过系统轻松实现大数据相关的分析功能,主要包括创建数据集和接入数据、数据透视、全景透视、数据建模等可视化智能分析功能。还可以根据分析需要,自定义智能分析算法,定义智能分析模型,发布分析结果。

3. 云应用平台

云应用平台依托大数据平台,通过互联网、VPN、专网、无线网络等多种网络通信方式,为三峡工程湖北库区宜昌市夷陵区、秭归县、兴山县及恩施土家族苗族自治州巴东县4个县(区)地质安全监测人员、管理人员、决策人员和社会人员提供数据管理、数据服务、数据检索、智能分析、成果管理和预测预警等应急服务。

4. 标准与规范和安全保障体系

统一数据治理与监控服务及统一认证与访问控制服务,是交换共享平台顺利实现数据采集、数据交换、数据开放的保证,两者贯穿于数据交换、数据池、数据加工及服务开放的全过程。统一数据治理与监控服务是指对平台中大数据的运行状态与情况的综合的、实时的、集中的展现，及时全面地将平台数据与服务的状态展现在管理人员面前；统一认证与访问控制服务是指平台对用户提供统一的认证和访问控制服务。

4.2.3 技术架构

根据总体逻辑架构及云计算、大数据技术特点，本项目技术架构从下至上分为数据层（数据源）、融合平台层、数据平台层和应用层，见图 4－2。

（1）数据层。数据层由高切坡基础数据、专业监测数据、群测群防数据、网络众源数据等组成，是系统的数据源。

（2）融合平台层。融合平台层通过数据标准化、元数据管理、数据接口、数据转换、数据关联等进行各类数据的集成。

（3）数据平台层。数据平台层包括数据存储与处理、数据挖掘与分析、数据接口服务等功能。

（4）应用层。应用层包括应用平台和业务应用两个部分。应用平台层为各类应用提供支持与服务，业务应用提供地质安全智能管控、高切坡智能评估、智能预测、智能预警等应用服务。

4.2.4 功能架构

基于功能划分，平台功能包含九大部分，功能框架见图 4－3。

（1）数据集成系统。包含数据采集、数据清洗转换、数据关联整合、数据加载、任务调度 5 个功能模块。

（2）数据存储系统。包含各类地质安全分析专业库的设计和建立，采用关系数据库集中存储与大数据分布式存储相结合的联合存储方案。

（3）数据分析系统。包含多开发语言系统集成与多维度数据查询分析、数据建模、数据挖掘功能。

（4）服务组件系统。包含基于 OpenLDAP 轻型目录访问协议的资源目录、流程引擎、报表引擎、数据可视化等中间支撑系统。

（5）数据平台应用系统。包含各类基于特征数据库面向问题导航的地质安全时空大数据应用子系统。

（6）数据治理系统。包含数据标准管理、数据模型管理、元数据管理、数据质量管理 4 个子系统。

（7）共享服务平台。包括目录管理平台、数据服务平台、前置管理。

（8）安全管理系统。包含平台全方位的用户权限管理、数据安全管理、网络安全管理等多层级的安全保障。

（9）运维监控系统。提供平台统一的一键式、图形化的系统安装部署、配置管理、集群监控、服务监控、业务监控、用户监控及日志分析等告警功能。

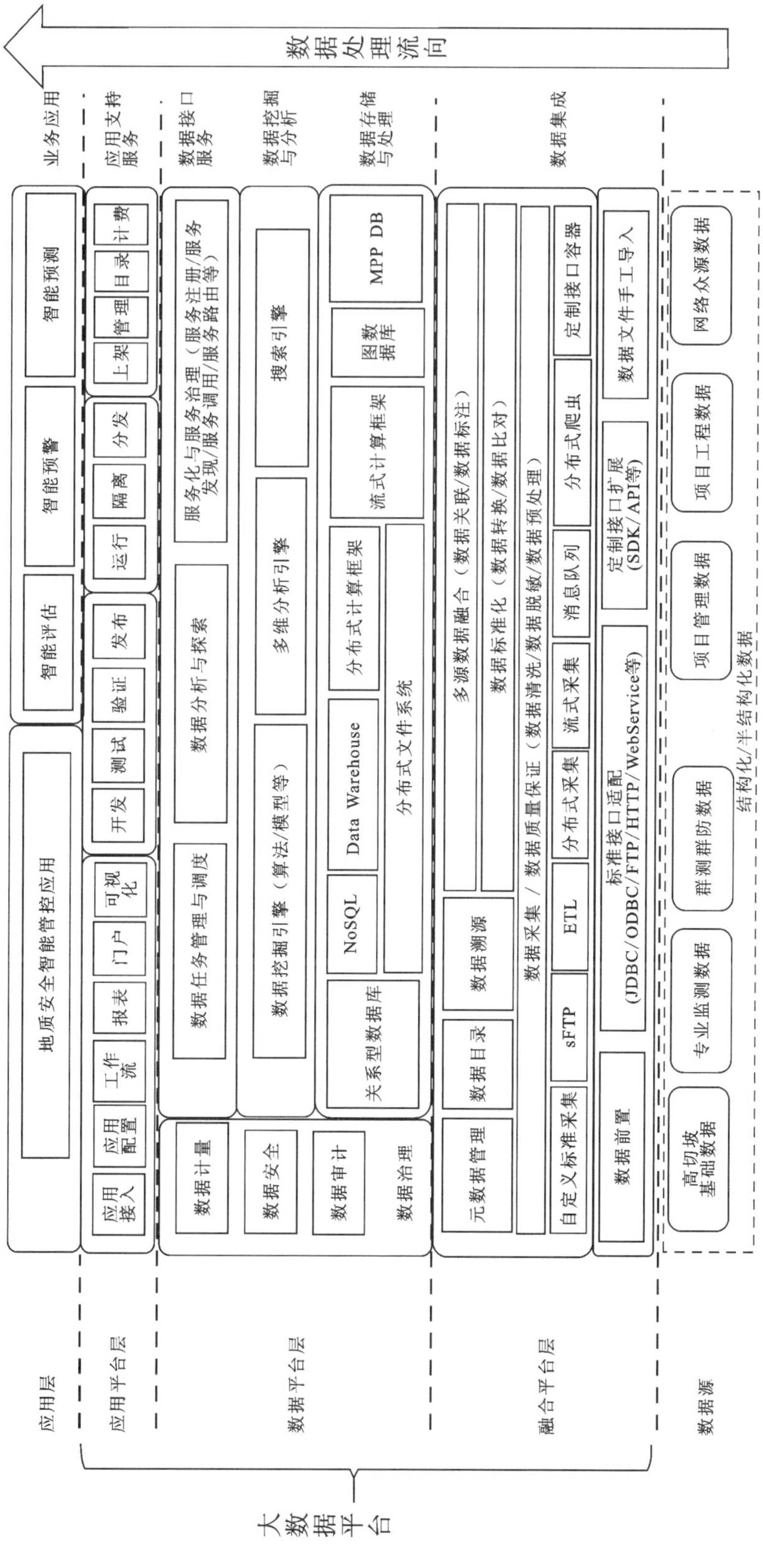

大数据平台

应用层
地质安全智能管控应用
智能评估
智能预警
智能预测
业务应用

应用平台层
应用接入
应用配置
工作流
报表
门户
可视化
开发
测试
验证
发布
运行
隔离
分发
上架
管理
目录
计费
应用支持服务

数据平台层
数据计量
数据安全
数据审计
数据治理
数据任务管理与调度
数据分析与探索
服务化与服务治理（服务注册/服务发现/服务调用/服务路由等）
数据接口服务
数据挖掘引擎（算法/模型等）
多维分析引擎
搜索引擎
数据挖掘与分析
关系型数据库
NoSQL
Data Warehouse
分布式计算框架
分布式文件系统
流式计算框架
图数据库
MPP DB
数据存储与处理

融合平台层
元数据管理
数据目录
数据溯源
多源数据融合（数据关联/数据标注）
数据标准化（数据转换/数据比对）
数据采集 / 数据质量保证（数据清洗/数据脱敏/数据预处理）
自定义标准采集
sFTP
ETL
分布式采集
流式采集
消息队列
分布式爬虫
定制接口容器
数据前置
标准接口适配（JDBC/ODBC/FTP/HTTP/WebService等）
定制接口扩展（SDK/API等）
数据文件手工导入
数据集成

数据源
高切坡基础数据
专业监测数据
群测群防数据
项目管理数据
项目工程数据
网络众源数据
结构化/半结构化数据

数据处理流向

图 4-2 移民安置区高切坡智能管控云平台技术架构

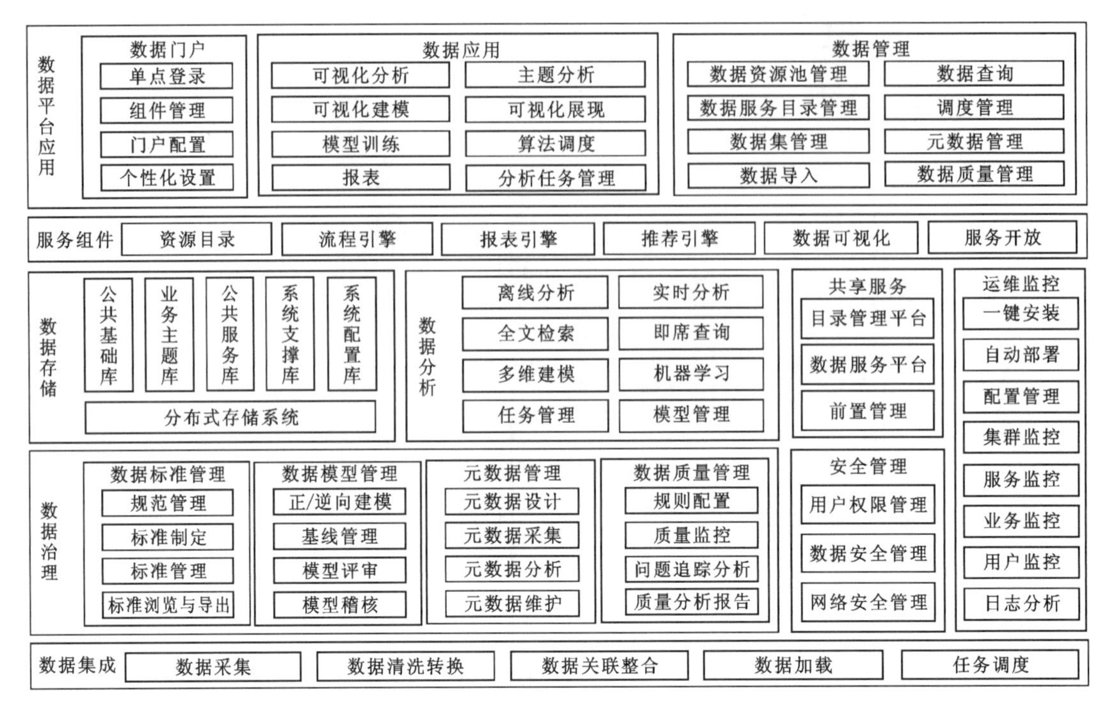

图 4-3　移民安置区高切坡智能管控云平台总体功能架构

4.3　高切坡地质安全智能管控云平台环境构建

高切坡地质安全智能管控云平台包含提供云应用数据服务的云平台和提供数据采集、管理、智能分析的大数据平台两大部分。云平台采用关系型数据库和分布式大数据存储的联合存储方案，共同支撑高切坡地质安全大数据的存储。对结构化的高切坡基础数据、专业监测数据和群测群防监测数据利用关系型数据库存储，而对高切坡项目管理和工程管理等文档数据、图像数据、视频数据、遥感数据、GIS 数据和电子图件等半结构化和非结构化数据，使用分布式文件存储系统 HDFS 和分布式数据库 HBase 及基于 Hadoop 的数据仓库工具 Hive 进行存储。两种存储方式并非独立存在，而是将数据集成服务与装载工具(Extract Transform Load，ETL)相互补充，实现了存储弹性扩容，满足了海量数据持续增长、数据结构向多样性转变的要求。

4.3.1　云平台的部署与实现

1. 计算机系统的部署

高切坡地质安全智能管控云平台硬件由 10 台服务器构成，其计算机系统具体部署如下:2台服务器采用HA架构作为Oracle数据库服务器,2台服务器作为云应用服务器,2台服务器作为大数据平台管理服务器,4台服务器作为大数据存储与数据处理服务器。计算机系统部署结构见图4-4。

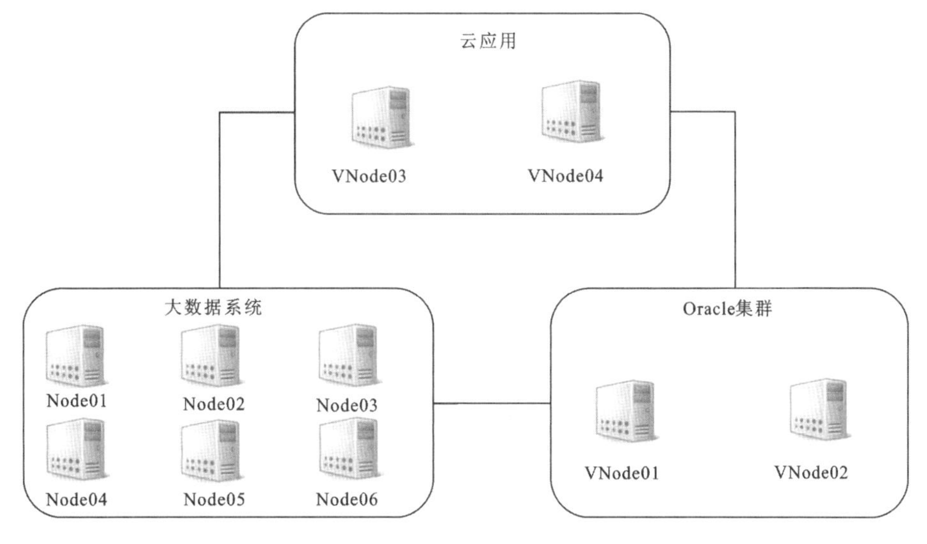

图4-4 计算机系统服务器部署结构

高切坡地质安全智能管控云平台硬件环境的计算机系统具体配置见表4-1。

表4-1 服务器配置

服务器名称	设备类型	配置	数量	用途
Node01	机架服务器	CPU:Intel(R)Xeon(R)CPU E5-2680 v3 @ 2.50 GHz * 2 内存:128GB 硬盘:1T * 2(raid1)	1	大数据系统
Node02	机架服务器	CPU:Intel(R)Xeon(R)CPU E5-2680 v3 @ 2.50GHz 内存:128GB 硬盘:1TB * 2(raid1)	1	
Node03~Node06	机架服务器	CPU:Intel Xeon 4114 * 2 内存:128GB 硬盘:600GB 2.5寸10K 12GB SAS硬盘 * 2;2TB 3.5寸7.2K 12GB SAS硬盘 * 3	4	
VNode01 VNode02	VM虚拟机	CPU:Intel Xeon E5 * 2 内存:128GB 硬盘:1000GB	2	Oracle集群
VNode03 VNode04	VM虚拟机	CPU:Intel Xeon E5 * 2 内存:64GB 硬盘:500GB	2	云应用服务器

2. 存储系统的部署

存储系统的部署结构见图 4－5。

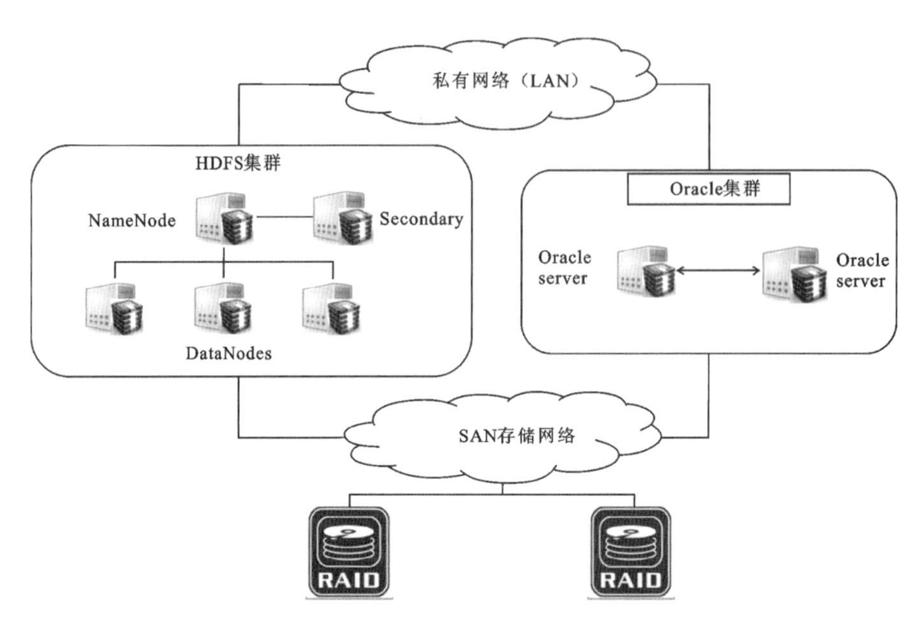

图 4－5　存储系统的部署结构

高切坡地质安全智能管控云平台将关系型数据和分布式文件系统结合，共同支撑高切坡地质安全大数据的存储。云平台分别部署 Oracle 数据库系统，分布式文件存储服务 HDFS、HBase 和 Hive。

具体分配和配置见表 4－2 和表 4－3。

表 4－2　存储系统配置

部件名称	存储类型	配置容量	备注
HDFS 集群	非结构数据存储	11 200G	3 倍冗余
Oracle 集群	结构数据存储	2 * 1000G	HA 架构
SAN 存储网络	扩展存储	50 000G	未来扩展

表 4－3　HDFS 存储配置

节点名称	节点类型	节点配置	节点数	配置容量
Node01	NameNode	600G＋1000G	1	1600G
Node02	Secondary	600G＋1000G	1	1600G
Node03～Node06	DataNode	2 * 1000G	4	8000G

4.3.2　网络环境配置

为了保证三峡工程湖北库区移民安置区高切坡数据的安全，采用层次化网络结构设计方法，无缝集成高切坡监测专用网络(专网)、数据传输网络(VPN)、数据存储网络(内网)、数据服务网络(外网)和Internet(公网)，为高切坡地质安全智能管控云平台提供一个高度安全的高切坡数据传输、数据服务和数据存储网络环境(图4-6)。

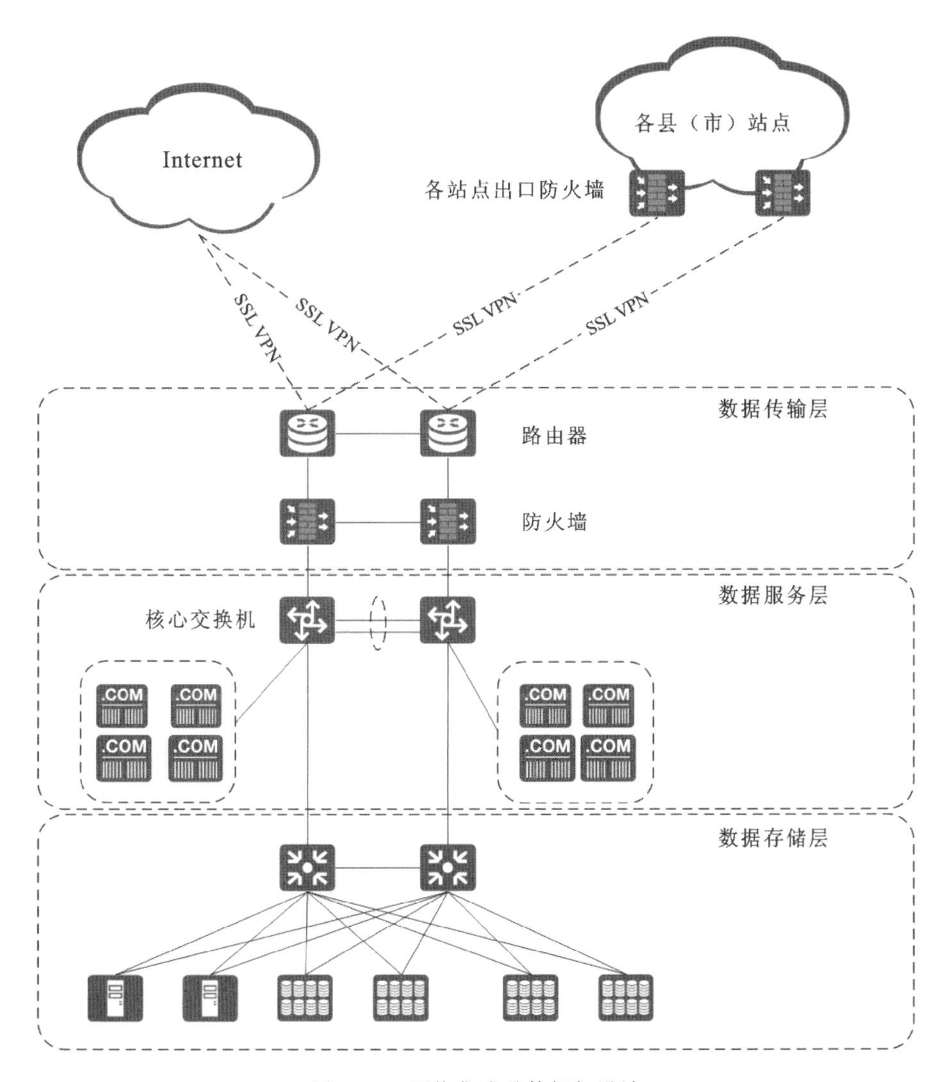

图4-6　网络集成总体框架设计

网络环境要求：Internet链接不小于100Mbps。云服务通过Internet提供，专业监测数据通过VPN加密网络传输，网络众源数据通过Internet获取。

(1)各县(市)站点。负责高切坡基础数据、专业监测数据和群测群防数据的采集、存储和管理。

(2)数据传输网络。保障各县(市)高切坡监测站点的监测数据与地质安全智能监管云平台之间的数据安全传输。

(3)数据服务网络。提供云平台用户的数据访问服务。

(4)数据存储网络。保障云平台内基于大数据的数据存储、交换、处理的安全。

1. 数据传输网络

为了保证高切坡数据传输的机密性和完整性,同时尽量减少对高切坡监测专网的影响,经技术审定商议,采用 SSL VPN 接入技术,通过互联网实现高切坡基础数据、专业监测数据和群测群防数据等地质安全数据在县(市)级监测中心和高切坡地质安全智能管控云平台之间的安全可靠传输(图 4-7)。县(市)级监测中心只需预留 1Mbps 以上的带宽,地质安全智能控制云平台保证接入设备的 SSL VPN 接入性能,同时预留相应带宽以保证数据传输时延。

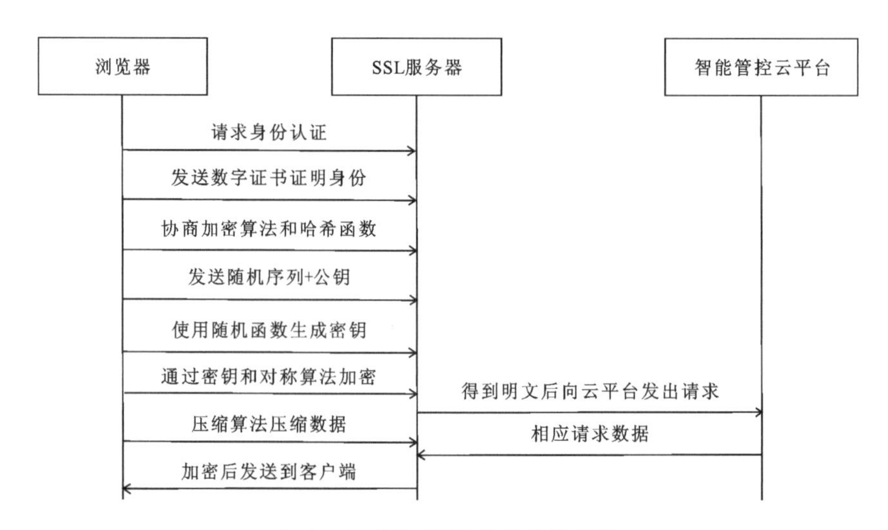

图 4-7　SSL VPN 数据传输过程

SSL VPN 是指采用 SSL(Security Socket Layer)协议来实现远程接入的一种新型 VPN 技术。SSL VPN 是帮助远程用户访存内部网络敏感数据的最简单、最安全的远程办公技术。与复杂的 IPSec VPN 相比,SSL VPN 通过简单、易用的方法实现数据远程通信。任何安装浏览器的机器都可以使用 SSL VPN,这是因为 SSL VPN 内嵌在浏览器中,它不需要像传统 IPSec VPN 一样必须为每一台客户机安装客户端软件。相对于传统的 IPSec VPN 而言,SSL VPN 具有部署简单、无客户端、维护成本低、网络适应性强等特点。

对于安全性要求较高的三峡工程湖北库区移民安置区高切坡数据,除了采用上述基于 SSL VPN 和 IPSec VPN 的数据传输网络之外,必要时可以考虑人工数据传输方式。

2. 数据存储网络

三峡库区高切坡数据主要包括基础地质数据、高切坡安全管控数据等。对于结构化数据,既可以采用基于 HBase 的 NoSQL 数据库存储,也可以采用传统关系数据库(如 Oracle、MySQL 等)存储方式。三峡库区高切坡数量众多,数据类型多样,数据规模巨大。在设计数据存储网络方案时,既要考虑数据存储和访问性能,同时也要兼顾未来数据存储的成本,今后可通过加入 SAN 网络存储设备来实现数据存储的可扩展性。

1)大数据集群

HDFS 集群基于分布式网络文件存储,实现高切坡非结构化数据的安全存储。HDFS 集群由元数据节点(NameNode)、元数据备用节点(SecondaryNode)和数据节点(DataNodes)组成。元数据节点、元数据备用节点和数据节点配置私有地址(10.10.10.X)。节点之间通过私有局域网络实现控制信息和数据通信。

2)Oracle 集群

Oracle 集群实现高切坡结构化数据的存储。Oracle 集群采用高可用性(High Availability,HA)冗余设计,Oracle 服务器之间通过心跳保持同步。Oracle 数据服务器配置私有地址(10.10.20.Y)。

3)数据存储私有网络

HDFS 集群、Phoenix 集群和 Oracle 集群之间通过私有局域网完成数据的传输。数据服务网络和私有网络之间通过网络地址转换(Network Address Translation,NAT)方式进行数据访问。这样既保证了数据存储的安全性,又可以方便地在数据服务网络和数据存储网络两个内网之间实现数据交换和共享服务。

4)存储区域网络

存储区域网络(Storage Area Network,SAN)是一种高速的、专门用于存储数据操作的计算机局域网(Local Area Network,LAN)。SAN 将主机和存储设备连接在一起,能够为其中任意一台主机和任意一台存储设备提供专用的通信通道。SAN 将存储设备从服务器中独立出来,实现了服务器层次上的存储资源共享。SAN 将通道技术和网络技术引入存储环境中,提供了一种新型的网络存储解决方案,能够同时满足吞吐率、可用性、可靠性、可扩展性和可管理性等方面的要求。

SAN 主要包括光纤 SAN(FC-SAN)和网络 SAN(IP-SAN)两类。由于 FC-SAN 在数据传输性能、传输可靠性等方面要优于 IP-SAN,因此,在设计方案时考虑采用 FC-SAN 数据存储区域网络。

HDFS 集群中的数据节点和 Oracle 服务器都配置本地硬盘,考虑数据高可扩展性和存储成本性价比,通过 SAN 光纤存储网络,HDFS 集群和 Oracle 集群可以实现廉价的数据存储。

3. 数据服务网络

数据服务网络位于高切坡地质安全智能管控云平台(外部网络)和数据存储网络(内部

网络)之间,安全管控云平台无法直接访问数据存储网络中的数据,必须通过数据服务网络才能够访存数据存储系统的数据资源,保证了数据存储系统中数据的安全。同时,为了应对云平台高并行数据访问服务要求,可以在数据服务网络中增加云平台和数据服务网络之间的带宽并扩大数据服务器规模。数据服务网络为高切坡地质安全智能管控云平台提供高性能、安全的数据导入、数据检索等云服务网络环境(图4-8)。

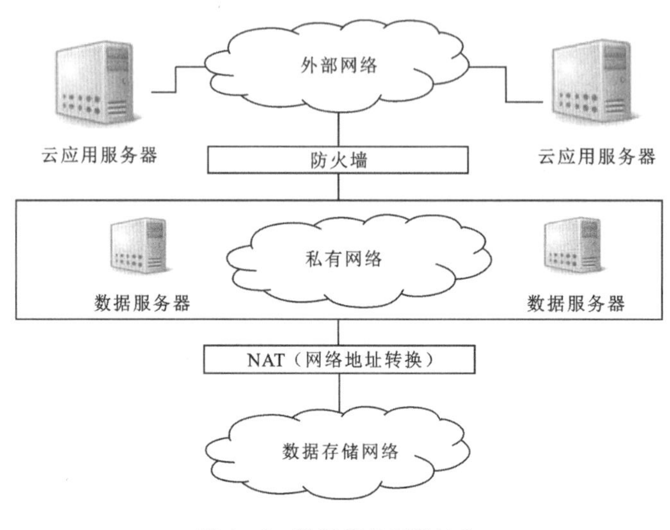

图4-8　数据服务网络结构

1)数据服务集群

数据服务集群可实现结构化数据服务和非结构化数据服务。结构化数据服务包括数据增加、修改、删除和检索等数据操作。非结构化数据服务包括文件打开、读取、写入、追加、关闭等文件操作。数据服务集群采用分布式计算方案,数据服务器配置私有地址(10.10.30.X)。

2)数据服务私有网络

数据服务器之间通过数据服务私有局域网进行数据传输。数据服务网络和私有网络之间通过NAT方式进行数据访问。高切坡地质安全智能管控云平台(外部网络)通过网络安全设备(如防火墙)实现和数据服务网络之间的数据通信。

4. 网络安全设计

网络安全是网络集成设计过程中十分重要的一个方面。网络安全设计涉及网络结构安全、网络安全审计、网络设备防护、通信完整性及保密性和网络可信接入等核心技术。

1)网络结构安全

网络结构安全是网络安全的前提和基础,对于地质安全智能监管云平台,在选用主要网络设备时需要考虑业务处理能力的高峰数据流量和冗余空间满足业务高峰期的需要;网络各个部分的带宽要保证接入网络和核心网络满足业务高峰期需要;按照业务系统服务的重要次序定义带宽分配的优先级,在网络拥堵时优先保障重要主机运行;合理规划路由,在业务终端与业务服务器之间建立安全路径;绘制与当前运行情况相符的网络拓扑结构图;根据各部门的工作职能、重要性和所涉及信息的重要程度等因素,划分不同的网段或 VLAN。保存有重要业务系统及数据的重要网段不能直接与外部系统连接,需要和其他网段隔离,单独划分区域。

2)网络安全审计

网络安全审计是指在地质安全智能监管云平台网络边界防火墙设备开启审计功能模块,根据审计策略进行数据的日志记录与审计。同时审计信息要通过安全管理中心的日志审计系统进行统一集中管理,通过审计分析能够发现跨区域的安全威胁,实时地综合分析出网络中发生的安全事件。

3)网络设备防护

为了提高网络设备的自身安全性,保障各种网络应用的正常运行,需要对网络设备采取一系列的加固措施。

(1)对登录网络设备的用户进行身份鉴别,用户名必须唯一。

(2)对网络设备的管理员登录地址进行限制。

(3)身份鉴别信息具有不易被冒用的特点,口令设置需 3 种以上字符,长度不少于 8 位,并定期更换。

(4)具有登录失败处理功能,失败后采取结束会话、限制非法登录次数和当网络登录连接超时自动退出等措施。

(5)启用安全外壳协议(Secure Shell,SSH)等管理方式,加密管理数据,防止被网络窃听。对于鉴别手段,《信息系统安全等级保护基本要求》(GB/T 22239—2008)提出采用两种或两种以上组合的鉴别技术,因此需采用 USBkey+密码进行身份鉴别,保证对网络设备进行管理维护的合法性。

4)通信完整性

可以采用的数据传输完整性校验技术包括校验码技术、消息鉴别码、密码校验函数、散列函数、数字签名等。数据传输的完整性校验应由传输加密系统完成。部署 SSL VPN 系统或下一代防火墙能保证远程数据传输的数据完整性。

5)通信保密性

应用层的通信保密性主要由应用系统完成。在通信双方建立连接之前,应用系统应利用密码技术进行会话初始化验证,并对通信过程中的敏感信息字段进行加密。保障信息传输的通信保密性应由传输加密系统完成。部署 SSL VPN 系统或下一代防火墙能保证远程数据传输的数据机密性。

6)网络可信接入

为保证网络边界的完整性,需要进行非法外联行为,同时对非法接入进行监控与阻断,形成网络可信接入。通过部署终端安全管理系统可以实现这一目标。

终端安全管理系统中的一个重要功能模块就是网络准入控制,网络阻断方式包括 ARP 干扰、802.1x 协议联动等。

在监测内部网中发生的外来主机非法接入、篡改 IP 地址、盗用 IP 地址等不法行为,由监测控制台进行告警，运用用户信息和主机信息匹配方式实时发现接入主机的合法性，及时阻止IP地址的篡改和盗用行为，保证地质安全智能监管云平台网络边界完整性。具体技术方法如下。

（1）在线主机监测。可以通过监听和主动探测等方式检测系统中所有在线的主机，并判别在线主机是否是经过系统授权认证的信任主机。

（2）主机授权认证。可以通过在线主机是否安装客户端代理程序，并结合客户端代理报告的主机补丁安装情况，防病毒程序安装和工作情况等信息，进行网络的授权认证，只允许通过授权认证的主机使用网络资源。

（3）非法主机网络阻断。对于探测到的非法主机，系统可以主动阻止它访问任何网络资源，从而保证非法主机不对网络产生影响，无法有意或无意地对网络发起攻击或者试图窃密。

（4）网络白名单策略管理。可生成默认的合法主机列表，根据是否安装安全管理客户端或者是否执行安全策略来过滤合法主机列表，快速实现合法主机列表的生成。同时允许管理员设置白名单例外列表，允许例外列表的主机可在不安装客户端的情况下仍然被授予网络使用权限，如可以和其他授权认证过的主机通信的权限或者允许和任意主机通信的权限。

（5）网际互连协议地址（Internet Protocol，IP地址）和媒体存取控制地址（Media Access Control Address，MAC地址）绑定管理。可以将终端的IP和MAC地址绑定，禁止用户修改自身的IP和MAC地址，并在用户试图更改IP和MAC地址时，产生相应的报警信息。

4.3.3 软件环境部署

1.采用的系统软件及版本

采用的系统软件及版本见表4-4。

表4-4 软件版本

软件名称	用途	版本号	是否需采购
CentOS	操作系统	CentOS 7	否
Oracle 数据库	关系数据库	Oracle 12C	是
Tomcat	Web 应用服务器	Tomcat 7.0	否
SSL VPN	VPN 服务器	Juniper SA4500	是
虚拟机	VMware 虚拟机	VMware ESXI 6.7	是
Java	开发和运行环境	Java 8	否
大数据系统	大数据系统	Hadoop 3、HBase、Hive	否

2. 软件规划及配置

软件规划及配置见表 4-5 和表 4-6。

表 4-5 软件规划表

软件名称	用途	版本号	是否需采购
CentOS 7.3	操作系统	CentOS 7.3	否
JDK	开发和运行环境	JDK 1.8	否
Python	Python 开发环境	Python 2.7	否
Oracle 数据库	关系数据库	Oracle 12c	是
Tomcat	Web 应用服务器	Tomcat 8.5.43	否
Nginx	Web 服务器	Nginx 1.8.0	否
Redis	键值数据库	Redis 3.0.501	否
SSL VPN	VPN 服务器	Juniper SA4500	是
虚拟机	VMware 虚拟机	VMware ESXI 6.7	是
大数据系统	大数据系统	Hadoop	是
FTP 服务	原始数据库存储	Vsftpd 3.0.2-25	否

表 4-6 软件配置表

节点名称	部署软件
Node	(1)基础软件:Centos、JDK、Python; (2)大数据组件:HBase、HDFS、Hadoop、Hive、YARN、ZooKeeper
VNode01(Oracle 集群)	(1)基础软件:Centos、JDK、Python (2)Oracle 12C
VNode02(Oracle 集群)	(1)基础软件:Centos、JDK、Python (2)Oracle 12C
VNode03(云平台测试)	Centos、JDK、Python、Tomcat、Nginx、Redis、GQPro、WebSocket、RabbitMQ
VNode04(云平台生产)	Centos、JDK、Python、Tomcat、Nginx、Redis、GQPro、WebSocket、RabbitMQ

4.3.4 大数据平台的构建

基于开源 Hadoop 大数据处理框架构建的高切坡地质安全智能管控大数据平台结构图如图 4-9 所示。它包含 HBase、Hive、HDFS 等系列组件。

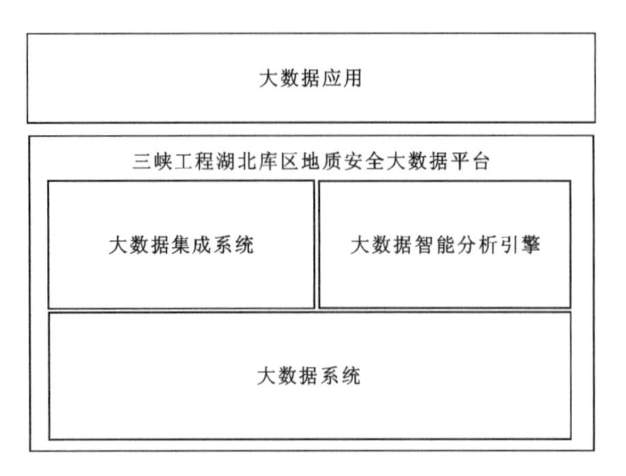

图 4-9　高切坡地质安全智能管控大数据平台结构图

1. 对外接口

对外接口见表 4-7。

表 4-7　大数据平台对外接口支持类型

组件名	支持的接口类型
HDFS	CLI、Java、C、REST
YARN	CLI、Java、REST
MapReduce	Java、REST
HBase	CLI、Java、Sqlline、JDBC
Hive	JDBC、CLI、Python
Spark	Java、Scala、Python、JDBC、REST、CLI
Oozie	Java、CLI、REST
Solr	Java、CLI、REST
Kafka	CLI、Java、Scala
Flume	Java
Tesorflow on Spark	Python
Caffe on Spark	Python
ES	Java
HAWQ	JDBC、ODBC、CLI
Apache Kylin Cube	Java
XData Manager	REST、CLI、SNMP、Syslog

2.平台服务器配置及部署

大数据平台服务器的部署要求见表4-8。

表4-8 大数据平台服务器部署要求

节点类型	配置描述	数量	说明
管理节点	管理节点,内嵌高性能的数据索引及资源管理引擎,管理客户端的并行访问,实现全局的数据访问及控制,硬件配置如下: 曙光服务器:CPU:Intel(R)Xeon(R)CPU E5-2680 v3 @ 2.50GHz*2; 内存:64GB;硬盘:1TB*2(raidl)	1	最小数量1
控制节点	控制节点,计算资源的分配管理,硬件配置如下: 曙光服务器:CPU:Intel(R)Xeon(R)CPU E5-2680 v3 @ 2.50GHz*2; 内存:64GB;硬盘:1TB*2(raidl)	1	最小数量1
计算节点	计算节点,内嵌高性能并行数据处理引擎,并行处理所有客户端的数据分析、处理请求,并行处理多源异构数据的融合、存储、分析等需求,并支持多个数据模块以副本方式容错,硬件配置如下: 曙光服务器:CPU:Intel Xeon 4114*2;内存:128GB;硬盘:600GB 2.5寸 10K 12GB SAS硬盘*2,2TB 3.5寸 7.2K 12GB SAS硬盘*3	4	最小数量3

4.4 高切坡地质安全智能管控云平台数据集成

4.4.1 数据集成总体架构

高切坡地质安全智能管控云平台泛结构化数据采集系统主要任务是完成对地质安全时空数据的采集和整理,实现对各类接口不同种类数据的统一采集,通过清洗转换进行数据整合。集成后的数据可以加载入库或直接用于数据分析。

泛结构化数据采集子系统涉及多源异构数据接入和数据预处理。多源异构数据接入模块需要从多种来源数据系统采集数据,统一各类数据的逻辑模型,实现地质安全时空数据的标准化统一存储和整合。面对多数据源接入系统时出现格式不统一、各个模块之间数据传输复杂的问题,设计了大数据采集子系统。该系统能够提供多源流式在线传输机制和海量历史数据分布式采集、聚合和传输的能力。数据集成系统技术框架见图4-10。

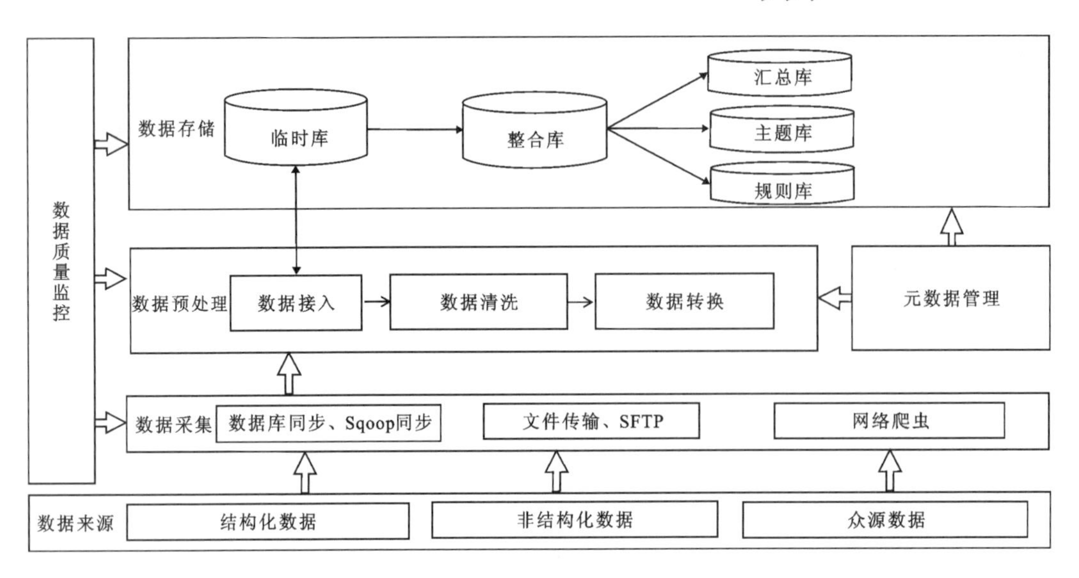

图 4-10 数据集成系统技术框架

4.4.2 结构化数据集成与管理

1. 业务目标

业务目标:为全域、区域高切坡监管人员和全域、区域高切坡决策管理人员提供三峡工程湖北库区宜昌市夷陵区、秭归县、兴山县及恩施土家族苗族自治州巴东县 4 个县(区)的高切坡结构化数据服务。

2. 输入数据要求

输入数据要求:支持高切坡结构化数据单个和批量上传,上传数据符合对应的导入模板(表 4-9)。

表 4-9 数据导入模板对应表

序号	结构化数据名称	导入模板名称(模板)
1	高切坡基础数据列表	高切坡基础数据列表(模板)
2	高切坡地质背景数据列表	高切坡地质背景数据列表(模板)
3	高切坡地层数据列表	高切坡地层数据列表(模板)
4	高切坡地质代号数据列表	高切坡地质代号数据列表(模板)
5	高切坡岩性数据列表	高切坡岩性数据列表(模板)
6	高切坡基础资料数据列表	高切坡基础资料数据列表(模板)

续表 4－9

序号	结构化数据名称	导入模板名称(模板)
7	高切坡灾害地质背景数据列表	高切坡灾害地质背景数据列表(模板)
8	高切坡专业监测数据列表	高切坡专业监测数据列表(模板)
9	高切坡位移监测数据列表	高切坡位移监测数据列表(模板)
10	高切坡监测点数据列表	高切坡监测点数据列表(模板)
11	高切坡地下水监测数据列表	高切坡地下水监测数据列表(模板)
12	高切坡群测群防监测数据列表	高切坡群测群防监测数据列表(模板)
13	高切坡群测群防宏观巡查数据列表	高切坡群测群防宏观巡查数据列表(模板)
14	高切坡防护工程措施数据列表	高切坡防护工程措施数据列表(模板)
15	高切坡防护工程措施详情数据列表	高切坡防护工程措施详情数据列表(模板)
16	湖北库区高切坡概况统计数据	湖北库区高切坡概况统计数据(模板)
17	高切坡县/区统计数据	高切坡县/区统计数据(模板)
18	单体高切坡概况	单体高切坡概况(模板)
19	高切坡基本数据	高切坡基本数据(模板)
20	高切坡位移监测数据记录列表	高切坡位移监测数据记录列表(模板)
21	高切坡群测群防综合数据	高切坡群测群防综合数据(模板)
22	高切坡变形破坏模式数据表	高切坡变形破坏模式数据表(模板)
23	高切坡物理力学参数数据	高切坡物理力学参数数据(模板)
24	高切坡岩层数据	高切坡岩层数据(模板)

3. 数据服务接口

数据服务接口见表 4－10。

4. 输出数据说明

输出数据包括地质背景数据、专业监测数据、群测群防数据、专业特征数据和网络众源数据。具体数据表可参见 2.3 中的内容。

5. 业务功能实现

业务功能实现是指依据高切坡智能预测的需求，实现结构化数据的存储、管理、更新等功能。图 4－11 展示了高切坡岩层数据的管理界面，其他数据的集成与管理功能与此类似。

表 4-10 数据服务接口表

接口名称			作用	备注
高切坡结构化数据	基础数据	高切坡基础	高切坡基础数据列表	GQPTZ_GQPJB
		高切坡地质背景基本信息	高切坡地质背景数据列表	DZBJJB
		高切坡地层信息	高切坡地层数据列表	GQPDC
		高切坡地质代号信息	高切坡地质代号数据列表	GQPDZDH
		高切坡岩性信息	高切坡岩性数据列表	GQPYXSJ
		高切坡基础资料信息	高切坡基础资料数据列表	GQPJCZL
		高切坡灾害地质背景	高切坡灾害地质背景数据列表	QYDZZHBJ
	专业监测数据	高切坡专业监测信息	高切坡专业监测数据列表	ZYJCSJ
		高切坡位移监测信息	高切坡位移监测数据列表	WYJCSJ
		高切坡监测点信息	高切坡监测点数据列表	GQPDSJ
		高切坡地下水监测信息	高切坡地下水监测数据列表	DXSJCSJ
	群测群防数据	群测群防监测信息	高切坡群测群防监测数据列表	QCQFJC
		群测群防宏观巡查信息	高切坡群测群防宏观巡查数据列表	QCQFHGXC
		高切坡防护工程措施信息	高切坡防护工程措施数据列表	GQPFHGCCS
		高切坡防护工程措施详情	高切坡防护工程措施详情数据列表	GQPFHGCXQ
	特征数据	高切坡概况统计表	高切坡概况统计数据	GQPTZ_GQPGKTJ
		高切坡县/区统计表	高切坡县(区)统计数据	GQPTZ_GQPXQTJ
		高切坡概况信息表	单体高切坡概况	GQPTZ_GQPGK
		高切坡基本信息	高切坡基本数据	GQPTZ_GQPJB
		高切坡位移监测数据记录	高切坡位移监测数据记录列表	GQPTZ_WYJC
		高切坡群测群防数据综合信息	高切坡群测群防综合数据	GQPTZ_QCQF
		高切坡变形破坏模式表	高切坡变形破坏模式数据表	GQPTZ_BXPH
		高切坡物理力学参数信息	高切坡物理力学参数数据	GQPTZ_WLX
		高切坡岩层信息	高切坡岩层数据	GQPTZ_YCSJ
高切坡非结构化数据	文档数据	高切坡勘察设计文档信息	高切坡勘察设计文档列表	DOC/DOCX/PDF
		高切坡施工防护文档信息	高切坡防护施工文档列表	DOC/DOCX/PDF
	图形图像	高切坡图形信息	高切坡图形文件列表	JPG
		高切坡图像信息	高切坡图像文件列表	JPG
网络众源数据		高切坡气象信息	三峡工程湖北库区4个县(区)天气数据	T_WEATHER
		三峡库区库水位信息	三峡库区库水位数据列表	T_WATER_LEVEL

HCS-SP V1.0 欢迎进入三峡工程湖北库区高切坡智能管控云平台 欢迎您，系统管理员 退出登录

首页
定时智能评估服务
按需智能评估服务
阈值预警服务
新增斜坡安全性评价
评估反馈服务
数据服务
数据浏览服务
结构化数据...
特征...
高切坡基本信
多年平均气象

首页 变形破坏模式 高切坡基本信息 多年平均气象数据表 物理力学参数 岩层数据

生成时间：请输入生成时间 高切坡编号：请输入高切 查询 重置 展开

新增 导出 导入

已选择 0项 清空选择

序号	生成时间	高切坡编号	高切坡名称	有无断层	有无裂隙	岩层倾向	岩层倾角	破碎程度	主体风化程度	操作
1	2021-11-13	ZG002Z	秭归县城滨湖路里侧块状花岗岩高切坡	无	有			破碎	全风化-中风化	编辑 更多
2	2021-11-13	ZG0030	新镇望归亭高切坡	有	有	272	31-33	较破碎	中风化	编辑 更多
3	2021-11-13	ZG0031	新镇黑槽—挂板厂高切坡	有	有	260-287	37-43	完整	中风化	编辑 更多
4	2021-11-13	ZG0032	沿江路高切坡	无	有	290-330	19-24	破碎	中等风化-强风化	编辑 更多

图 4-11 高切坡岩层数据管理

4.4.3 非结构化数据集成与管理

1. 业务目标

业务目标：为全域、区域高切坡监管人员和全域、区域高切坡决策管理人员提供三峡工程湖北库区宜昌市夷陵区、秭归县、兴山县及恩施土家族苗族自治州巴东县4个县（区）的高切坡非结构化数据服务。

2. 输入数据要求

输入数据要求：支持文档数据、图形图像数据等高切坡非结构化数据的上传，上传的文档数据和图形图像数据类型必须符合对应的格式要求（表4－11）。

表4－11 非结构化数据的文档类型

序号	结构化数据名称	支持文件类型
1	高切坡勘察设计文档列表	DOC/DOCX/PDF/TXT
2	高切坡防护施工文档列表	DOC/DOCX/PDF/TXT
3	高切坡图形文件列表	JPG/SHP/TIF
4	高切坡图像文件列表	JPG/SHP/TIF

3. 数据服务接口

数据服务接口见表4－12。

表4－12 非结构化数据服务接口说明

<table>
<tr><th colspan="3">接口名称</th><th>作用</th><th>备注</th></tr>
<tr><td rowspan="4">高切坡非结构化数据</td><td rowspan="2">文档数据</td><td>高切坡勘察设计文档信息</td><td>高切坡勘察设计文档列表</td><td>DOC/DOCX/PDF/TXT</td></tr>
<tr><td>高切坡施工防护文档信息</td><td>高切坡防护施工文档列表</td><td>DOC/DOCX/PDF/TXT</td></tr>
<tr><td rowspan="2">图形图像</td><td>高切坡图形信息</td><td>高切坡图形文件列表</td><td>JPG/SHP/TIF</td></tr>
<tr><td>高切坡图像信息</td><td>高切坡图像文件列表</td><td>JPG/SHP/TIF</td></tr>
<tr><td colspan="2" rowspan="2">网络众源数据</td><td>高切坡气象信息</td><td>三峡工程湖北库区4个县（区）天气数据</td><td>T_WEATHER</td></tr>
<tr><td>三峡库区库水位信息</td><td>三峡库区库水位数据列表</td><td>T_RESERVOIR_WATER_LEVEL</td></tr>
</table>

4. 输出数据说明

输出数据说明见表 4 - 13 和表 4 - 14。

表 4 - 13 文档数据记录表

数据库名称:原始库				数据表名称:文档数据记录表(WDSJ)									
序号	字段名称	字段名	类型	长度	小数	单位	必填	空值	缺省值	最大值	最小值	约束	备注
1	文档编号	document number	N	38			必填	非空					自增
2	文档版本	document version	N	10			不必	非空					
3	文档标题	document title	V	250			不必	空值					
4	关键字	key word	V	250			不必	空值					
5	文档摘要	document summary	V	2048			不必	空值					
6	文档内容	document content	CLOB				不必	空值					
7	文档位置	document location	N	20			必填	非空					
8	文档类型	document type	V	20			不必	空值					
9	文档作者	document writer	V	250			不必	空值					
10	作者单位	author unit	V	250			不必	空值					
11	资源位置	resource location	V	250			不必	空值					
12	添加时间	add time	D	128			不必	空值					
13	修改时间	modification time	D	128			不必	空值					
14	文档标签	document tag	V	200			不必	空值					
主键定义:document number													

表 4 - 14 原始文件记录表

数据库名称:原始库				数据表名称:原始文件记录表(YSWJ)									
序号	字段名称	字段名	类型	长度	小数	单位	必填	空值	缺省值	最大值	最小值	约束	备注
1	文件编号	document number	V	20			必填	非空					自增
2	文件版本	document version	N	10			不必	非空					
3	文件名称	document name	V	250			不必	空值					
4	文件内容	document content	B				不必	空值					
主键定义:document number													

4.4.4 网络众源数据集成管理

1. 业务目标

业务目标:为全域、区域高切坡监管人员和全域、区域高切坡决策管理人员提供三峡工程湖北库区宜昌市夷陵区、秭归县、兴山县及恩施土家族苗族自治州巴东县4个县(区)的气象数据和三峡库区库水位等网络众源数据的上传、修改、删除和检索服务。

2. 输入数据要求

输入数据要求:支持气象数据和三峡库区库水位数据的批量上传,上传数据符合对应的导入模板(表4-15)。

表4-15 网络众源数据模板对应表

序号	结构化数据名称	导入模板名称(模板)
1	气象数据	气象数据(模板)
2	库水位数据	库水位数据(模板)

3. 数据服务接口

数据服务接口见表4-16。

表4-16 网络众源数据服务接口

<table>
<tr><th colspan="2">接口名称</th><th>作用</th><th>备注</th></tr>
<tr><td rowspan="2">网络众源数据</td><td>气象信息</td><td>三峡工程湖北库区4个县(区)天气数据</td><td>T_WEATHER</td></tr>
<tr><td>三峡库区库水位信息</td><td>三峡库区库水位数据列表</td><td>T_RESERVOIR_WATER_LEVEL</td></tr>
</table>

4. 输出数据说明

输出数据表包括气象数据表和库水位数据表,详见2.3中的网络众源数据表。

4.5 高切坡地质安全智能管控云平台应用服务

4.5.1 移民安置区全域高切坡智能监管

1. 业务目标

业务目标:为全域或县(区)高切坡监管人员和全域或县(区)高切坡决策管理人员提供三峡工程湖北库区宜昌市夷陵区、秭归县、兴山县及恩施土家族苗族自治州巴东县4个县

(区)的高切坡概况、高切坡 GIS 分布情况、高切坡实时预警信息和高切坡安全状况等地质安全业务服务。

2. 限制和约束

三峡工程湖北库区高切坡地质安全数据属于专业数据。因此,在网络方面,平台需要提供安全的数据访问环境。在系统方面,平台需要对用户进行认证和授权,严格控制用户的权限。另外,系统要对用户在平台上的一切行为做好日志记录工作,以备审核。

3. 输入数据要求

无。

4. 数据服务接口

数据服务接口见表 4－17。

表 4－17　全域监管数据服务接口表

接口名称	作用
三峡工程湖北库区高切坡概况	统计监管范围、主要监测手段、高切坡总数(专业监测高切坡数量、群测群防高切坡数量、有变形迹象高切坡数量)
全域高切坡 GIS 分布	提供基于在线百度电子地图的全域高切坡分布情况
三峡工程湖北库区高切坡实时预警统计(区域)	实时统计宜昌市夷陵区、秭归县、兴山县及恩施土家族苗族自治州巴东县 4 个县(区)的高切坡预警数据
三峡工程湖北库区高切坡实时预警统计(时间)	按月统计宜昌市夷陵区、秭归县、兴山县及恩施土家族苗族自治州巴东县 4 个县(区)的高切坡预警数据
三峡工程湖北库区高切坡安全等级统计	统计宜昌市夷陵区、秭归县、兴山县及恩施土家族苗族自治州巴东县 4 个县(区)的高切坡安全等级数据
三峡工程湖北库区 4 个县(区)降水概况	实时获取宜昌市夷陵区、秭归县、兴山县及恩施土家族苗族自治州巴东县 4 个县(区)的天气数据
三峡工程湖北库区库水位	获取三峡库区每小时的库水位数据
高切坡预警信息今日速报	即时通告宜昌市夷陵区、秭归县、兴山县及恩施土家族苗族自治州巴东县 4 个县(区)的高切坡预警信息

5. 输出数据说明

(1)三峡工程湖北库区高切坡概况:范围、主要监测手段、高切坡数量、群测群防数量、专业监测数量、有变形迹象数量。

(2)全域高切坡GIS分布:高切坡编号、经度、维度、预警状态。

(3)高切坡实时预警(区域):区域高切坡名称、区域高切坡分析预警数量。

(4)高切坡实时预警(时间):时间、4个县(区)高切坡分析预警数量。

(5)高切坡安全等级:高切坡安全等级一级(区域、数量)、高切坡安全等级二级(区域、数量)、高切坡安全等级三级(区域、数量)。

(6)降水概况:地区、日期、8时至20时降水量、20时至8时降水量、20时至次日20时降水量。

(7)三峡库区库水位:时间(以每小时计算)、库水位。

(8)今日速报:县(区)名称、预警时间、高切坡名称。

6. 业务功能实现

业务功能实现见图4-12。

4.5.2 移民安置区单体高切坡智能监管

1. 业务目标

业务目标:为高切坡监管人员和高切坡决策管理人员提供三峡工程湖北库区宜昌市夷陵区、秭归县、兴山县及恩施土家族苗族自治州巴东县4个县(区)中任意单体的高切坡概况、高切坡GIS分布情况和高切坡地质报告、地质图、照片、视频等详细信息。

2. 输入数据要求

无。

3. 数据服务接口

数据服务接口见表4-18。

表4-18 区域监管数据服务接口表

接口名称	作用
高切坡文档	单体高切坡地质报告预览和下载
高切坡文档图形	单体高切坡地质图预览和下载
高切坡照片	单体高切坡照片显示和下载
高切坡视频	单体高切坡视频显示和下载
高切坡三维模型	单体高切坡三维模型预览和下载
高切坡监测曲线	单体高切坡专业监测曲线显示

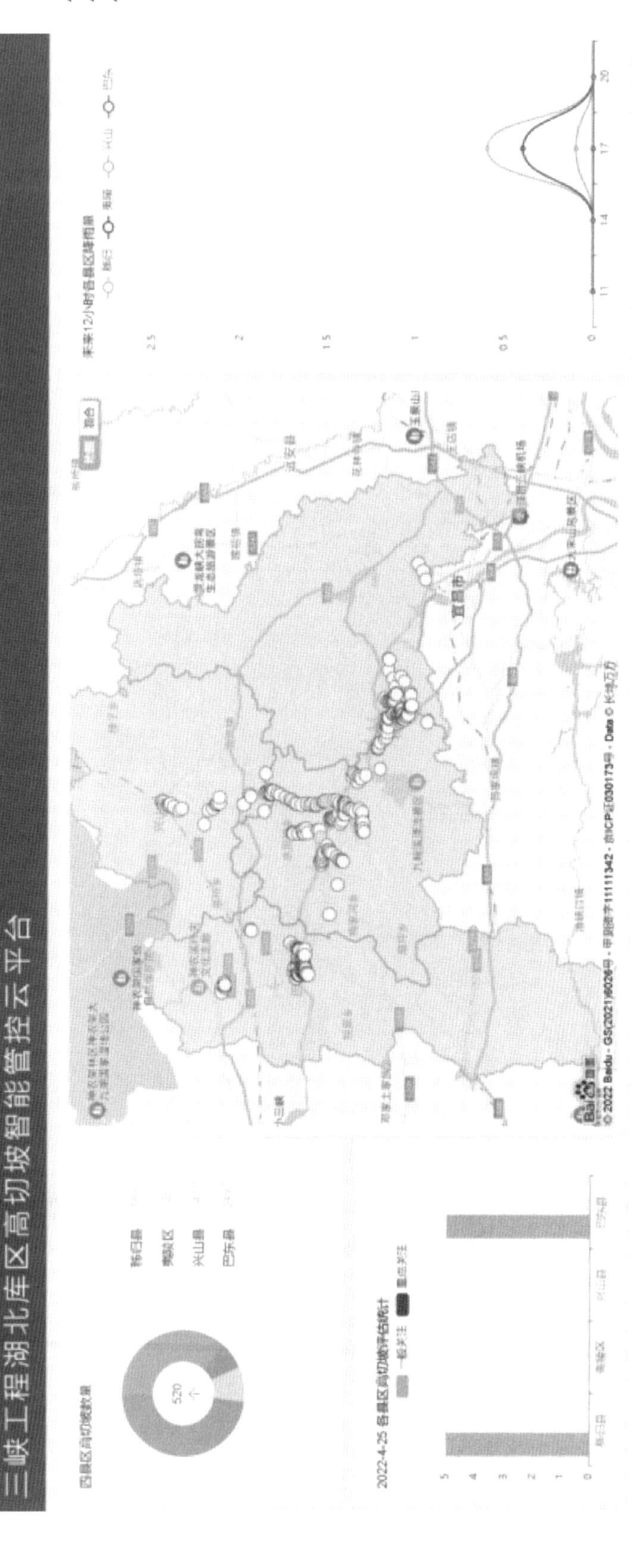

图 4-12 三峡工程湖北库区高切坡智能管控云预警平台概况图

4. 业务功能实现

业务功能实现见图 4－13。

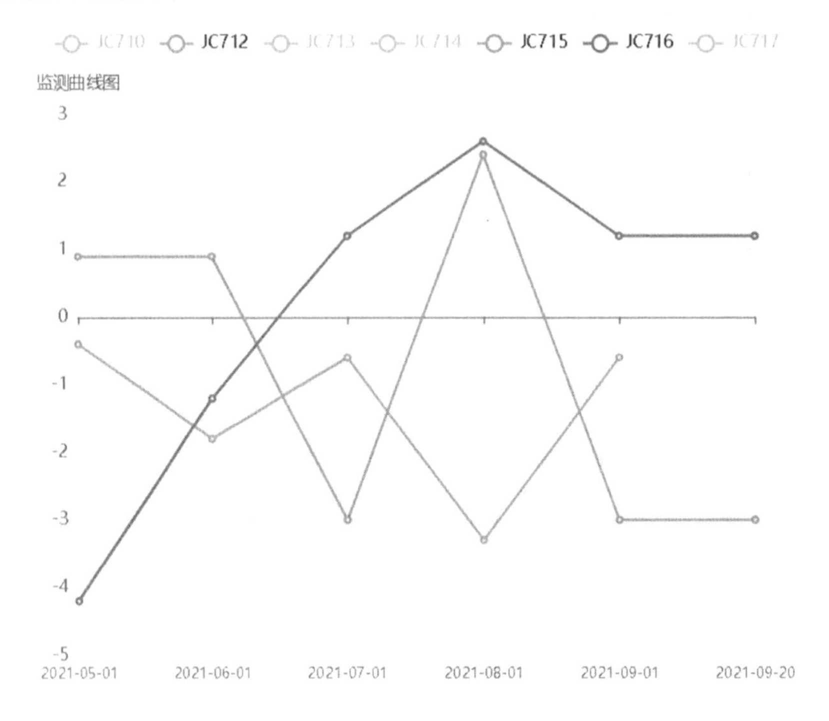

图 4－13　单个高切坡详细信息概况图

4.5.3　智能分析

1. 业务目标

业务目标：为全域、区域高切坡监管人员和全域、区域高切坡决策管理人员提供三峡工程湖北库区宜昌市夷陵区、秭归县、兴山县及恩施土家族苗族自治州巴东县 4 个县（区）的区域高切坡、单体高切坡稳定性预测分析服务。

2. 输入数据要求

（1）区域高切坡特征数据集。

（2）单体高切坡特征数据集。

3. 数据服务接口

(1)区域高切坡预测分析接口。

(2)单体高切坡预测分析接口。

(3)高切坡综合评估接口。

4. 输出数据说明

(1)三峡工程湖北库区高切坡县(区)评估表(表名 YCJG_GQPXQPGB_QY),见表 4-19。

表 4-19 全域高切坡县(区)评估表

序号	字段名称	字段名	类型	长度	小数	单位	必填	空值	缺省值	最大值	最小值	约束	备注
1	县(区)名称	county name	V	20			必填	非空					
2	高切坡编号	gqp number	V	20			必填	非空					
3	高切坡名称	gqp name	V	40			必填	非空					
4	评估时间	evaluate time	Date				必填	非空					
5	评估结果	evaluate result	V	100			必填	非空					
6	备注	remark	V	100									
主键定义:gqp number+gqp name+evaluate time													

(2)县(区)高切坡评估表(单体)(表名 YCJG_GQPXQPGB_DT),见表 4-20。

表 4-20 县(区)高切坡单体评估表

序号	字段名称	字段名	类型	长度	小数	单位	必填	空值	缺省值	最大值	最小值	约束	备注
1	县(区)名称	county name	V	20			必填	非空					
2	高切坡编号	gqp number	V	20			必填	非空					
3	高切坡名称	gqp name	V	40			必填	非空					
4	评估时间	evaluate time	Date				必填	非空					
5	评估结果	evaluate result	V	100			必填	非空	不稳定				
6	备注	remark	V	100									
主键定义:gqp number+gqp name+evaluate time													

(3)高切坡综合评估表(表名 YCJG_GQPXQPGB_ZH),见表 4-21。

表 4-21　具体高切坡综合评估表

序号	字段名称	字段名	类型	长度	小数	单位	必填	空值	缺省值	最大值	最小值	约束	备注
1	县(区)名称	county name	V	20			必填	非空					
2	高切坡编号	gqp number	V	20			必填	非空					
3	高切坡名称	gqp name	V	40			必填	非空					
4	评估时间	evaluate time	Date				必填	非空					
5	评估结果	evaluate result	V	100			必填	非空					
6	备注	remark	V	100									
主键定义:gqp number+gqp name+evaluate time													

4.5.4　成果管理

1. 业务目标

业务目标:为全域、区域高切坡监管人员和全域、区域高切坡决策管理人员提供三峡工程湖北库区宜昌市夷陵区、秭归县、兴山县及恩施土家族苗族自治州巴东县4个县(区)的区域高切坡稳定性评估、单体高切坡稳定性评估和综合评估等高切坡预测成果评估服务。

2. 输入数据要求

输入数据要求:符合区域高切坡评估、单体高切坡评估、高切坡综合评估和高切坡评估报告等数据的新增和导入要求。

3. 业务功能实现

业务功能实现示例见图 4-14。

4.5.5　系统管理

1. 业务目标

业务目标:为系统管理人员提供三峡工程湖北库区监管云平台的部门管理、用户管理、角色管理、权限管理和用户日志检索等系统管理服务。

2. 输入(出)数据

输入(出)数据见表 4-22～表 4-38。

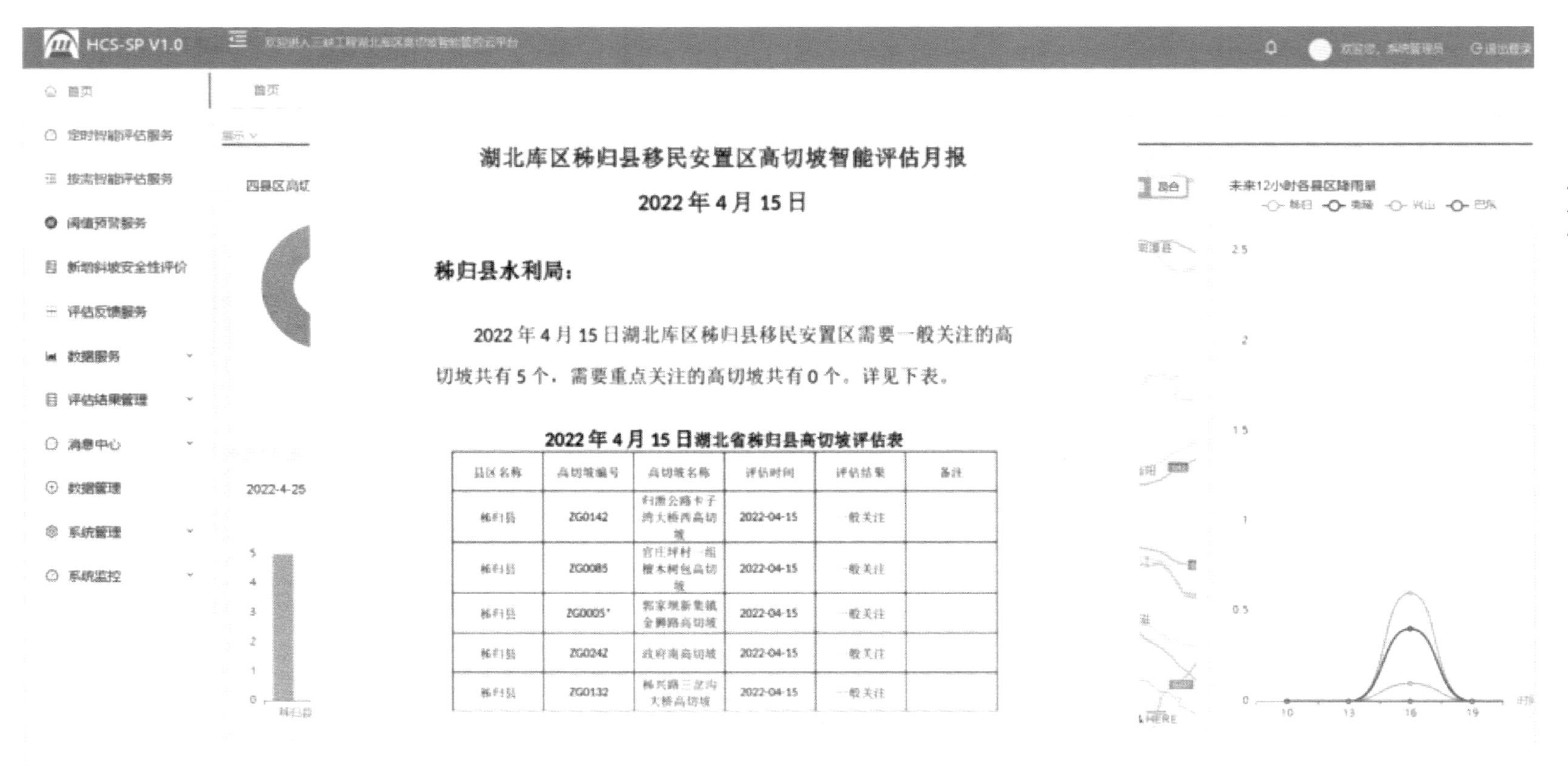

湖北库区秭归县移民安置区高切坡智能评估月报

2022 年 4 月 15 日

秭归县水利局：

2022 年 4 月 15 日湖北库区秭归县移民安置区需要一般关注的高切坡共有 5 个，需要重点关注的高切坡共有 0 个。详见下表。

2022 年 4 月 15 日湖北省秭归县高切坡评估表

县区名称	高切坡编号	高切坡名称	评估时间	评估结果	备注
秭归县	ZG0142	归巴公路卡子湾大桥西高切坡	2022-04-15	一般关注	
秭归县	ZG0085	官庄坪村一组檀木树包高切坡	2022-04-15	一般关注	
秭归县	ZG0005'	郭家坝新集镇金狮路高切坡	2022-04-15	一般关注	
秭归县	ZG0242	政府南高切坡	2022-04-15	一般关注	
秭归县	ZG0132	秭兴路三岔沟大桥高切坡	2022-04-15	一般关注	

图 4－14 智能评估结果示例

表 4-22　部门信息表

数据库名称:高切坡				数据表名称:部门信息表(Sys_Dept)									
序号	字段名称	字段名	类型	长度	小数	单位	必填	空值	缺省值	最大值	最小值	约束	备注
1	dept_id	部门 ID	N	20			必填					主键	
2	parent_id	父部门 ID	N	20									
3	ancestors	祖级列表	V	50									
4	dept_name	部门名称	V	50			必填						
5	order_num	显示顺序	N										
6	leader	负责人	V	50									
7	phone number	联系电话	V	50									
8	E-mail	邮箱	V	50									
9	status	部门状态	C	1									
10	del_flag	删除标志	C	1									
11	create_by	创建者	V	50									
12	create_time	创建时间	D										
13	update_by	更新者	V	50									
14	update_time	更新时间	D										
主键定义:dept_id													

表 4-23　用户信息表

数据库名称:高切坡				数据表名称:用户信息表(Sys_User)									
序号	字段名称	字段名	类型	长度	小数	单位	必填	空值	缺省值	最大值	最小值	约束	备注
1	user_id	主键	N	20			必填						
2	dept_id	部门 ID	N	20			必填						
3	login_name	登录账号	V	50			必填						
4	user_name	用户姓名	V	50			必填						
5	user_type	用户类型	V	2									
6	leader	负责人	V	50									
7	phone number	联系电话	V	11									
8	sex	性别	C	1									
9	avatar	头像路径	V	50									
10	password	密码	V	50									
11	salt	盐加密	V	50									

续表 4-23

数据库名称:高切坡				数据表名称:用户信息表(Sys_User)									
序号	字段名称	字段名	类型	长度	小数	单位	必填	空值	缺省值	最大值	最小值	约束	备注
12	status	账号状态	C	1									
13	del_flag	删除标志	C	1									
14	login_ip	最后登录 IP	V	50									
15	login_date	最后登录时间	D										
16	create_by	创建者	V	50									
17	create_time	创建时间	D										
18	update_by	更新者	V	50									
19	update_time	更新时间	D										
20	remark	备注	V	500									
主键定义:user_id													

表 4-24 部门岗位信息表

数据库名称:高切坡				数据表名称:部门岗位信息表(Sys_Post)									
序号	字段名称	字段名	类型	长度	小数	单位	必填	空值	缺省值	最大值	最小值	约束	备注
1	post_id	主键	N	20			必填						
2	post_code	岗位编码	V	50			必填						
3	post_name	岗位名称	V	50			必填						
4	post_sort	显示顺序	N				必填						
5	status	用户状态	C	1									
6	create_by	创建者	V	50									
7	create_time	创建时间	D										
8	update_by	更新者	V	50									
9	update_time	更新时间	D										
10	remark	备注	V	500									
主键定义:post_id													

表 4-25 角色信息表

数据库名称:高切坡				数据表名称:角色信息表(Sys_Role)									
序号	字段名称	字段名	类型	长度	小数	单位	必填	空值	缺省值	最大值	最小值	约束	备注
1	role_id	主键	N	20			必填						
2	role_name	角色名称	V	50			必填						

续表 4-25

数据库名称：高切坡				数据表名称：角色信息表(Sys_Role)									
序号	字段名称	字段名	类型	长度	小数	单位	必填	空值	缺省值	最大值	最小值	约束	备注
3	role_key	角色权限字符串	V	50			必填						
4	role_sort	显示顺序	N				必填						
5	data_scope	数据范围	C	1									
6	status	角色状态	V										
7	del_flag	删除状态	V										
8	create_by	创建者	V										
9	create_time	创建时间	D										
10	update_by	更新者	V										
11	update_time	更新时间	D										
12	remark	备注	V										
主键定义：role_id													
说明： (1)数据范围：1 代表全部数据权限；2 代表自定数据权限；3 代表本部门数据权限；4 代表本部门及以下数据权限。 (2)角色状态：0 代表正常；1 代表停用。 (3)删除标志：0 代表存在；2 代表删除													

表 4-26 菜单权限信息表

数据库名称：高切坡				数据表名称：菜单权限信息表(Sys_Menu)									
序号	字段名称	字段名	类型	长度	小数	单位	必填	空值	缺省值	最大值	最小值	约束	备注
1	menu_id	主键	N	20			必填						
2	menu_name	菜单名称	V	50			必填						
3	parent_id	父菜单 ID	N	20									
4	order_num	显示顺序	N				必填						
5	url	请求地址	V	50									
6	target	打开方式	V	50									
7	menu_type	菜单类型	C	1									
8	visible	菜单状态	C	1									
9	perms	权限标识	V	100									
10	icon	菜单图标	V	100									
11	create_by	创建者	V	50									

续表 4-26

数据库名称：高切坡				数据表名称：菜单权限信息表(Sys_Menu)									
序号	字段名称	字段名	类型	长度	小数	单位	必填	空值	缺省值	最大值	最小值	约束	备注
12	create_time	创建时间	D										
13	update_by	更新者	V	50									
14	update_time	更新时间	D										
15	remark	备注	V	500									
主键定义：menu_id													
说明： (1)打开方式：menu Item 代表页签；menu Blank 代表新窗口。 (2)菜单类型：M 代表目录；C 代表菜单；F 代表按钮。 (3)菜单状态：0 代表显示；1 代表隐藏													

表 4-27　用户和角色关联信息表

数据库名称：高切坡				数据表名称：用户和角色关联信息表(Sys_User_Role)									
序号	字段名称	字段名	类型	长度	小数	单位	必填	空值	缺省值	最大值	最小值	约束	备注
1	user_id	用户 ID	N	20			必填						
2	role_id	角色 ID	N	20			必填						
主键定义：user_id+role_id													

表 4-28　角色和菜单关联信息表

数据库名称：高切坡				数据表名称：角色和菜单关联信息表(Sys_Role_Menu)									
序号	字段名称	字段名	类型	长度	小数	单位	必填	空值	缺省值	最大值	最小值	约束	备注
1	role_id	角色 ID	N	20			必填						
2	menu_id	菜单 ID	N	20			必填						
主键定义：role_id+menu_id													

表 4-29　用户和岗位关联信息表

数据库名称：高切坡				数据表名称：用户和岗位关联信息表(Sys_User_Post)									
序号	字段名称	字段名	类型	长度	小数	单位	必填	空值	缺省值	最大值	最小值	约束	备注
1	user_id	用户 ID	N	20			必填						
2	post_id	岗位 ID	N	20			必填						
主键定义：user_id+post_id													

表 4-30　操作日志记录

数据库名称:高切坡				数据表名称:操作日志记录(Sys_Oper_Log)									
序号	字段名称	字段名	类型	长度	小数	单位	必填	空值	缺省值	最大值	最小值	约束	备注
1	oper_id	日志 ID	N	20			必填						
2	title	模块标题	V	50			必填						
3	business_type	业务类型	N	2									
4	method	方法名称	V	100									
5	request_method	请求方式	V	20									
6	operator_type	操作类别	N	1									
7	oper_name	操作人员	V	50									
8	dept_name	部门名称	V	50									
9	oper_url	请求 URL	V	50									
10	oper_ip	主机地址	V	50									
11	oper_location	操作地点	V	50									
12	oper_param	请求参数	V	2000									
13	JSON_result	返回参数	V	2000									
14	status	操作状态	N	1									
15	error_msg	错误消息	V	2000									
16	oper_time	操作时间	D										
主键定义:oper_id													
说明: (1)业务类型:0 代表其他;1 代表新增;2 代表修改;3 代表删除。 (2)操作类别:0 代表其他;1 代表后台用户;2 代表手机端用户。 (3)操作状态:0 代表正常;1 代表异常													

表 4-31　字典类型表

数据库名称:高切坡				数据表名称:字典类型表(Sys_Dict_Type)									
序号	字段名称	字段名	类型	长度	小数	单位	必填	空值	缺省值	最大值	最小值	约束	备注
1	dict_id	字典主键	N	20			必填						
2	dict_name	字典名称	V	50			必填						
3	dict_type	字典类型	V	50								唯一	
4	status	状态	C	1									
5	create_by	创建者	V	50									

续表 4-31

数据库名称:高切坡				数据表名称:字典类型表(Sys_Dict_Type)									
序号	字段名称	字段名	类型	长度	小数	单位	必填	空值	缺省值	最大值	最小值	约束	备注
6	create_time	创建时间	D										
7	update_by	更新者	V	50									
8	update_time	更新时间	D										
9	remark	备注	V	500									
主键定义:dict_id													
说明: 状态:0 代表正常;1 代表停用													

表 4-32 字典数据表

数据库名称:高切坡				数据表名称:字典数据表(Sys_Dict_Data)									
序号	字段名称	字段名	类型	长度	小数	单位	必填	空值	缺省值	最大值	最小值	约束	备注
1	dict_code	字典编码	N	20			必填					主键	
2	dict_sort	字典排序	N	4			必填						
3	dict_label	字典标签	V	100									
4	dict_value	字典键值	V	100									
5	dict_type	字典类型	V	100									
6	css_class	样式属性	V	100									
7	list_class	表格回显样式	V	100									
8	is_default	是否默认	C	1									
9	status	状态	C	1									
10	create_by	创建者	V	50									
11	create_time	创建时间	D										
12	update_by	更新者	V	50									
13	update_time	更新时间	D										
14	remark	备注	V	500									
主键定义:dict_code													
说明: (1)是否默认:Y 代表是;N 代表否。 (2)状态:0 代表正常;1 代表停用													

表 4-33 参数配置表

数据库名称:高切坡				数据表名称:参数配置表(Sys_Config)									
序号	字段名称	字段名	类型	长度	小数	单位	必填	空值	缺省值	最大值	最小值	约束	备注
1	config_id	参数主键	N	20			必填					主键	
2	config_name	参数名称	V	50			必填						
3	config_key	参数键名	V	50									
4	config_type	系统内置	V	50									
5	create_by	创建者	V	50									
6	create_time	创建时间	D										
7	update_by	更新者	V	50									
8	update_time	更新时间	D										
9	remark	备注	V	500									
主键定义:config_id													
说明: 系统内置:Y 代表是;N 代表否。													

表 4-34 系统访问记录表

数据库名称:高切坡				数据表名称:系统访问记录表(Sys_Logininfor)									
序号	字段名称	字段名	类型	长度	小数	单位	必填	空值	缺省值	最大值	最小值	约束	备注
1	info_id	访问 ID	N	20			必填					主键	
2	login_name	登录账号	V	50			必填						
3	ipaddr	登录 IP 地址	V	50									
4	login_location	登录地点	V	50									
5	browser	浏览器类型	V	50									
6	os	操作系统	V	50									
7	status	登录状态	C	1									
8	msg	提示消息	V	200									
9	login_time	访问时间	D										
主键定义:info_id													

表 4-35 在线用户记录表

数据库名称:高切坡				数据表名称:在线用户记录表(Sys_User_Online)									
序号	字段名称	字段名	类型	长度	小数	单位	必填	空值	缺省值	最大值	最小值	约束	备注
1	Session_id	用户会话 ID	N	20			必填					主键	
2	login_name	登录账号	V	50			必填						
3	dept_name	部门名称	V	50									
4	ipaddr	登录 IP 地址	V	50									
5	login_location	登录地点	V	50									
6	browser	浏览器类型		50									
7	os	操作系统	V	50									
8	status	在线状态	V	50									
9	start_timestamp	session 创建时间	D										
10	last_access_time	session 最后访问时间	D										
11	expire_time	超时时间	N			分钟							
主键定义:session_id													
说明: 在线状态:on_line 代表在线;off_line 代表离线													

表 4-36 定时任务调度表

数据库名称:高切坡				数据表名称:定时任务调度表(Sys_Job)									
序号	字段名称	字段名	类型	长度	小数	单位	必填	空值	缺省值	最大值	最小值	约束	备注
1	job_id	任务 ID	N	20			必填					主键	
2	job_name	任务名称	V	50			必填						
3	job_group	任务组名	V	50									
4	invoke_target	调用目标字符串	V	200									
5	cron_expression	cron 执行表达式	V	200									
6	misfire_policy	计划执行错误策略		200									
7	concurrent	是否并发执行	C	1									
8	status	状态	C	1									

续表 4-36

数据库名称:高切坡				数据表名称:定时任务调度表(Sys_Job)									
序号	字段名称	字段名	类型	长度	小数	单位	必填	空值	缺省值	最大值	最小值	约束	备注
9	create_by	创建者	V	50									
10	create_time	创建时间	D										
11	update_by	更新者	V	50									
12	update_time	更新时间	D										
13	remark	备注	V	500									
主键定义:job_id													
说明: (1)计划执行错误策略:1 代表立即执行;2 代表执行一次;3 代表放弃执行。 (2)是否并发执行:0 代表允许;1 代表禁止。 (3)状态:0 代表正常;1 代表暂停。													

表 4-37 定时任务调度日志表

数据库名称:高切坡				数据表名称:定时任务调度日志表(Sys_Job_Log)									
序号	字段名称	字段名	类型	长度	小数	单位	必填	空值	缺省值	最大值	最小值	约束	备注
1	job_log_id	任务日志 ID	N	20			必填					主键	
2	job_name	任务名称	V	50			必填						
3	job_group	任务组名	V	50									
4	invoke_target	调用目标字符串	V	200									
5	job_message	日志信息	V	500									
6	status	执行状态	C	1									
7	exception_info	异常信息	V	500									
8	create_time	创建时间	D										
主键定义:job_log_id													

表 4-38 通知公告表

数据库名称:高切坡				数据表名称:通知公告表(Sys_Notice)									
序号	字段名称	字段名	类型	长度	小数	单位	必填	空值	缺省值	最大值	最小值	约束	备注
1	notice_id	公告 ID	N	20			必填					主键	
2	notice_title	公告标题	V	50			必填						
3	notice_type	公告类型	C	1									

续表 4-38

数据库名称:高切坡				数据表名称:通知公告表(Sys_Notice)									
序号	字段名称	字段名	类型	长度	小数	单位	必填	空值	缺省值	最大值	最小值	约束	备注
4	notice_content	公告内容	V	2000									
5	status	公告状态	C	1									
6	create_by	创建者	V	50									
7	create_time	创建时间	D										
8	update_by	更新者	V	50									
9	update_time	更新时间	D										
10	remark	备注	V	500									
主键定义:notice_id													
说明: (1)公告类型:1 代表通知;2 代表公告。 (2)公告状态:0 代表正常;1 代表关闭													

3. 业务功能实现

业务功能实现:实现不同用户只能访问权限内的菜单、数据等的设置,实现登录日志和操作日志的详细记录等功能。

5 高切坡智能预警与管控

高切坡智能预警与管控集成了地质工程专业知识，大数据挖掘、处理与分析技术以及基于机器学习的人工智能技术，为三峡工程湖北库区4个县(区)移民安置区提供了高切坡智能预警与管控服务。

5.1 高切坡智能预警与管控整体流程

5.1.1 基于大数据的高切坡智能预警

高切坡是一个受到众多内外因素共同影响的自然系统，基于高切坡尽可能多的多源异构数据，采用专业知识与“数据驱动”相结合的方法开展高切坡智能预测预警研究是本项工作的主要任务之一。本书从数据类型、存储需求、不同尺度、不同精度、不同结构化程度以及数据时空属性、语义、更新频率等方面，研究用于高切坡地质安全评估的泛结构化数据的时空特征及归一化处理特点，系统整理分析采集到的非结构化数据，对这些数据进行字段层面的分类及分解，筛选关键因素及大数据分析的各个要素，建立地质安全泛结构化大数据表达模型。对数据挖掘与融合算法库中的数据挖掘方法和数据融合方法进行详细分析和测试，确定其适应性，并根据测试结果进行可能的适应性修改，使它们与高切坡地质安全评估更匹配。

(1)高切坡地质安全各个要素的提取及相互影响分析。从泛结构化地质安全大数据的各类地质、地理、水文、气象、监测等数据中，提取各个要素，如地质年代、物理力学性质、坡度、重力、裂缝宽度、气温、湿度、温度、水文等数据，形成一个尽可能全面的高切坡特征数据集，在该数据集的各个要素之间进行关联、相关、聚类等分析，研究大数据集中各要素的相互影响关系及其影响程度。

(2)基于高切坡地质安全大数据挖掘与融合模型的预警研究。面向高切坡地质安全预警的业务需求，研究地质安全数据的挖掘与融合方法。采用聚类、贝叶斯等机器学习方法，研究地质灾害预警的大数据挖掘模型；同时，由于地质安全预警涉及大量多源异构数据，需要研究地质安全各类数据的动静融合、时空融合、多场融合和多传感器融合，构建多种大数据融合模型，实现基于大数据的数据驱动高切坡地质安全预警。这个数据驱动过程与每个高切坡的具体特征相关，不同高切坡获得的处理流程和处理结果是不同的，并随着每个高切坡特征数据集的变化而变化。基于数据驱动的高切坡地质安全预警研究见图 5-1。

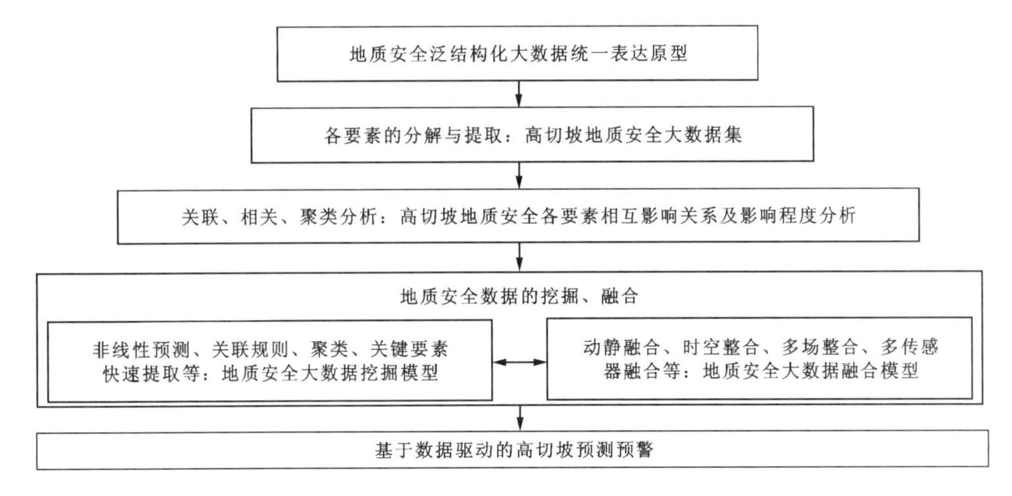

图 5-1 基于数据驱动的高切坡地质安全预警研究

5.1.2 智能预警与评估流程

高切坡智能预测预警与评估的整体流程包括以下 8 个步骤，见图 5-2。

(1)收集数据。获取 4 个县(区)高切坡基础地质等静态数据、实时监测等动态数据和与高切坡相关的气象等网络众源数据。

(2)整理初始数据集。依据高切坡区域预测和单体预测的需求，对 4 个县(区)不同类型的高切坡数据进行整理，形成高切坡初始特征数据集，详细内容参见 5.2。

(3)选择参数集。依据高切坡预警需求，采用主成分分析、相关性分析和聚类分析等方法，对初始数据集中的各类参数进行分析，可以得到一系列的不同参数组合。

(4)生成训练集。依据不同的参数组合，可以得到以不同的参数组合为特征的一系列训练集。

(5)选择算法。数据挖掘与分析算法库中备有大量的算法，输入不同的训练集，通过决策树等分类算法和岭回归等回归算法的训练，可以选择出准确度最高的最优参数组合、最佳数据集和本次训练集对应的最优算法。

(6)生成预测集。依据最优参数组合，生成最优参数组合对应的预测数据集。

(7)智能预测与评估。利用训练好的最佳参数组合、最优算法等训练模型对 4 个县(区)高切坡进行智能预测和评估，完成本次预测。

(8)新的预测。随着时间序列数据的不断更新，数据集发生了变化，数据集的变化会引起"数据集—参数集—算法集"这一相互依赖过程发生变化，即随着数据集发生变化，最优的参数集和最优算法也可能发生变化，整个流程将重新循环，并对 4 个县(区)高切坡进行新一轮的智能预测与评估。

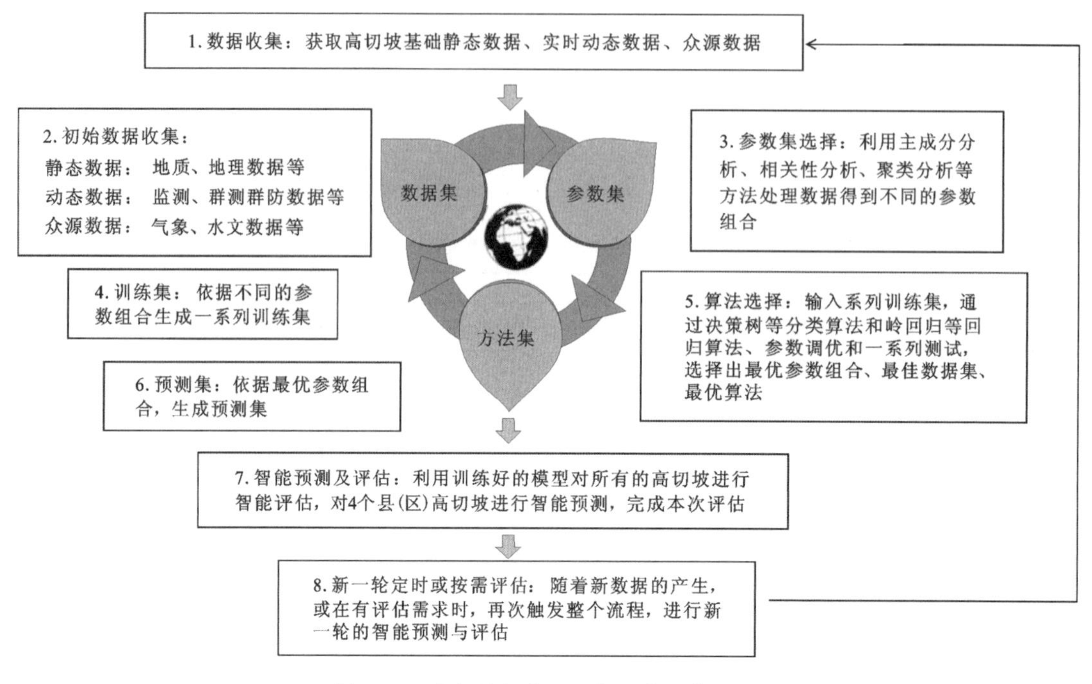

图 5-2　高切坡智能预测与评估整体流程

在完成高切坡智能预测与评估整体流程时，首先需要作好数据准备和技术方法准备工作。数据准备是指针对区域和每个高切坡的数据特征和历史特征，随时能在需要时(如每个月的某个时间)触发并快速获得高切坡区域与每个单体的特征数据集。技术方法准备是指预先对数据挖掘与分析算法进行收集和接口的标准化处理，以便在需要时快速调用。同时，该智能处理流程将在每次加载新的数据后进行智能调整，每次智能评估流程所采用的参数集和算法集可能不完全一致。

5.2　高切坡特征数据集

高切坡特征数据集是高切坡智能预测预警的数据基础，包括 70 多项静态数据、40 多项动态数据和 20 多项网络众源数据。这些数据项是三峡工程湖北库区移民安置区高切坡智能预测预警的初始参数集，4 个县(区)高切坡初始数据集就是这 130 多项参数对应的初始数据矩阵。这个数据矩阵是同时基于静态基础数据和基于时间序列的动态数据的庞大矩阵，也是对高切坡进行定时、按需、阈值、安全性评估等智能管控的初始数据集。

5.2.1 静态数据

项目组利用高切坡智能管控云平台提供的非结构化文档数据的快速提取功能，从勘查报告和施工报告中获取静态数据。高切坡静态数据反映了高切坡的状态特征，见表5-1。

(1)高切坡基本信息：高切坡名称、高切坡编号、高切坡位置、主要危害对象、已发生变形破坏、预测变形破坏模式、防治措施、人类工程活动等。

(2)高切坡基础地质数据：边坡类型、介质类型、主要成分、破碎程度、主体风化程度、安全等级、地震烈度、坡向分类、岩体结构类型、裂隙填充物、有无断层、有无裂隙等。

(3)高切坡空间形态数据：坡长(延伸长度)、平均坡高、最大坡高、平均坡角、最大坡角、高切坡走向、高切坡倾向、坡面面积、坡脚高程、坡顶高程、坡眉高程、岩层倾向、岩层倾角等。

(4)高切坡物理力学参数数据：含水率、天然密度、黏聚力、内摩擦角、变形模量、泊松比、地基承载力标准值、重度、压缩模量、抗压强度、渗透系数、基底摩擦系数、软化系数、层面黏聚力、层面内摩擦角、结构面黏聚力、结构面内摩擦角等。

(5)高切坡水文地质数据：有无地表水、地表水汇水面积、埋深、补给方式、地下水类型、腐蚀性、pH值、硬度等。

(6)高切坡勘查期气象数据：年平均气温(勘查)、极端最高气温(勘查)、极端最低气温(勘查)、相对湿度(勘查)、年降雨量最大值(勘查)、年降雨量最小值(勘查)、年降雨量(勘查)、年平均降雨量(勘查)、日最大降雨量(勘查)、年平均蒸发量(勘查)、风向(勘查)、风速(勘查)、最大风速(勘查)等。

表5-1 高切坡静态数据表

序号	字段名称	字段名	类型	长度	小数	单位	必填	空值	缺省值	最大值	最小值	约束	备注
1	县(区)名称	county name	V	20			必填	非空					
2	高切坡名称	gqp name	V	200			必填						
3	高切坡编号	gqp number	V	20			必填	非空					
4	高切坡位置	the location	V	200									
5	边坡类型	slope type	V	40									
6	介质类型	medium type	V	40									
7	坡长	the length	N	20		m							
8	平均坡高	average height	N	20		m							
9	最大坡高	max height	N	20		m							
10	平均坡角	average angle	N	20		(°)							
11	最大坡角	max angle	N	20		(°)							
12	走向	move towards	N	40		(°)							

续表 5-1

序号	字段名称	字段名	类型	长度	小数	单位	必填	空值	缺省值	最大值	最小值	约束	备注
13	倾向	tendency	N	40		(°)							
14	主要成分	bases	V	40									
15	坡面面积	slope area	N	20	2	m^2							
16	坡脚高程	slope elevation	N	20		m							
17	坡顶高程	crest elevation	N	20		m							
18	破碎程度	crush degree	V	20									
19	主体风化程度	weathering degree	V	40									
20	安全等级	security level	V	20									
21	地震烈度	seismic intensity	V	20									
22	人类工程活动	human activities	V	1000									
23	主要危害对象	hazard object	V	100									
24	有无断层	with fault	V	5									
25	有无裂隙	with fracture	V	5									
26	岩层倾向	rock tendency	V	20									
27	岩层倾角	rock dip	V	10									
28	含水率	moisture content	V	10									
29	天然密度	natural density	V	10									
30	黏聚力(c)	cohesive force	N	20		kPa							
31	内摩擦角(φ)	friction angle	N	20		(°)							
32	变形模量	deformation modulus	N	20		MPa							
33	泊松比	poisson ratio	N	20									
34	地基承载力标准值	bearing capacity	N	10		MPa							
35	重度	unit weight	N	10		kN/m^3							
36	压缩模量	compression modulus	N	20		MPa							
37	抗压强度	compressive strength	N	20		MPa							
38	渗透系数	osmotic coefficient	N	10	2	cm/s							

续表 5-1

序号	字段名称	字段名	类型	长度	小数	单位	必填	空值	缺省值	最大值	最小值	约束	备注
39	基底摩擦系数	base friction	N	10	2								
40	软化系数	softening coefficient	N	10									
41	有无地表水	surface water	V	5									
42	地表水汇水面积	catchment area	N	10	2	m^2							
43	地下水类型	underground water	V	40									
44	埋深	burial depth	N	10	2	m							
45	补给方式	supply way	V	10									
46	腐蚀性	the corrosivity	V	10									
47	pH 值	pH value	N	10									
48	硬度	the hardness	N	20									
49	年平均气温	average temperature	N	20		℃							
50	极端最高气温	max temperature	N	20		℃							
51	极端最低气温	min temperature	N	20		℃							
52	相对湿度	relative humidity	N	10									
53	年降雨量最大值	max rainfall	N	10		mm							
54	年降雨量最小值	min rainfall	N	10		mm							
55	年降雨量	annual rainfall	N	20		mm							
56	年平均降雨量	average rainfall	N	20		mm							
57	日最大降雨量	day - max rainfall	N	20		mm							
58	年平均蒸发量	average - annual evaporation	N	20		mm							
59	风向	wind direction	V	20									
60	风速	wind speed	N	20		m/s							
61	最大风速	max wind - speed	N	20		m/s							

续表 5-1

序号	字段名称	字段名	类型	长度	小数	单位	必填	空值	缺省值	最大值	最小值	约束	备注
62	已发生变形破坏	deformation fracture	V	40									
63	预测变形破坏模式	failure mode	V	40									
64	防治措施	controlling measure	V	200									
65	岩体结构类型	rock type	V	40									
66	裂隙填充物	fissure filling	V	40									
67	坡向类型	slope exposure	V	40									
68	层面黏聚力	laminar cohesion	N	10		kPa							
69	层面内摩擦角	friction angle	N	10		(°)							
70	结构面黏聚力	structural cohesion	N	10		kPa							
71	结构面内摩擦角	structural friction	N	10		(°)							
72	稳定系数	stability coefficient	V	200									
73	稳定级别	stable level	V	200									

静态数据中的气象相关数据是从勘查施工报告中提取的，反映了勘查施工工作开展时的气象情况。

5.2.2 动态数据

动态数据是指从群测群防和专业监测数据中提取的高切坡动态特征数据，是高切坡随时间连续变化的数据。目前已获取的超过10年的连续观测数据，是高切坡预测的主要数据基础，见表5-2。

(1)群测群防巡查数据：群测群防时间、坡面是否出现鼓胀、坡面是否出现反翘、伸缩缝是否错开、是否有掉块现象、是否存在坡面水平交错裂缝、是否存在高切坡整体变形拉裂、是否有道路拉裂沉陷现象、坡顶树木及电杆是否倾斜倾倒、坡顶后部是否有下座拉裂台阶、坡顶房屋墙体是否开裂、泄水孔的排水是否通畅、排水沟是否有裂缝渗漏、坡顶截水沟是否堵塞、坡脚排水沟是否堵塞、坡面排水孔是否失效、坡顶防护结构是否破坏、坡面防护措施是否存在局部破坏、专业监测设施是否遭到损毁、坡顶是否存在乱搭乱盖现象、坡顶是否存在弃渣堆载现象、坡脚是否存在开挖取土现象、坡顶是否存在违规耕种灌溉现象、是否存在异常等。

(2)高切坡裂缝数据:裂缝采集时间、裂缝编号、裂缝长度、裂缝宽度、裂缝下错、裂缝读数数值、裂缝备注等。

(3)高切坡专业监测数据:监测点编号、监测点采集时间、监测点观测值 X、监测点观测值 Y、监测点观测值 H、监测点水平位移 X、监测点水平位移 Y、监测点垂直位移 Z、监测点法向位移 X、监测点法向位移 Y、监测点法向位移 Z 等。

表 5-2 高切坡动态特征数据表

序号	字段名称	字段名	类型	长度	小数	单位	必填	空值	缺省值	最大值	最小值	约束	备注
1	县(区)名称	county name	V	20			必填	非空					
2	高切坡编号	gqp number	V	20			必填	非空					
3	高切坡名称	gqp name	V	200			必填	非空					
4	巡查日期	patrol date	D				必填	非空					
5	监测员	monitor	V	40									
6	坡面是否出现鼓胀	bulging	V	40									
7	坡面是否出现反翘	back warping	V	40									
8	伸缩缝是否错开	stagger	V	40									
9	是否有掉块现象	falling block	V	40									
10	是否存在坡面水平交错裂缝	staggered crack	V	40									
11	泄水孔的排水是否通畅	smooth drainage	V	40									
12	是否存在高切坡整体变形拉裂	tensile crack	V	40									
13	其他坡面宏观巡查结果	other slopes	V	40									
14	坡顶防护结构是否破坏	protective structure	V	40									
15	排水沟是否有裂缝渗漏	crack penetration	V	40									

续表 5-2

序号	字段名称	字段名	类型	长度	小数	单位	必填	空值	缺省值	最大值	最小值	约束	备注
16	是否有道路拉裂沉陷现象	tensile subsidence	V	40									
17	坡顶树木及电杆是否倾斜倾倒	topple over	V	40									
18	坡顶后部是否有下座拉裂台阶	drawing breakage	V	40									
19	坡顶房屋墙体是否开裂	wall cracking	V	40									
20	其他坡顶宏观巡查结果	slope crest	V	40									
21	坡顶是否存在乱搭乱盖现象	random erection	V	40									
22	坡顶是否存在弃渣堆载现象	spoil surcharge	V	40									
23	坡脚是否存在开挖取土现象	excavation borrow	V	40									
24	坡顶截水沟是否堵塞	ditch blocked	V	40									
25	坡脚排水沟是否堵塞	drain blockage	V	40									
26	坡面排水孔是否失效	hole failure	V	40									
27	坡顶是否存在违规耕种灌溉现象	irrigation	V	40									
28	坡面防护措施是否存在局部破坏	local failure	V	40									
29	专业监测设施是否遭到损毁	damage	V	40									
30	其他高切坡维护管理巡查结果	other results	V	40									
31	备注	remark	V	200									

续表 5-2

序号	字段名称	字段名	类型	长度	小数	单位	必填	空值	缺省值	最大值	最小值	约束	备注
32	监测点编号	monitoring number	V	20			必填	非空					
33	后部是否有贯通性弧形拉裂	through crack	V	40									
34	是否处理	with handle	V	40									
35	是否存在异常	whether abnormal	V	40									
36	裂缝编号＋长度	number length	N	40		mm							
37	裂缝编号＋宽度	number width	N	40		mm							
38	裂缝编号＋下错	number stagger	N	40		mm							
39	裂缝编号＋读数数值	number value	N	40		mm							
40	裂缝编号＋备注	number mark	V	200									
41	监测时间	monitoring time	D	20									
42	监测点编号＋观测值 X	observed value X	N	40		mm							
43	监测点编号＋观测值 Y	observed value Y	N	40		mm							
44	监测点编号＋观测值 H	observed value H	N	40		mm							
45	监测点编号＋水平位移 X	displacement X	N	40		mm							
46	监测点编号＋水平位移 Y	displacement Y	N	40		mm							
47	监测点编号＋垂直位移 Z	displacement Z	N	40		mm							
48	监测点编号＋法向位移 X	normal displacement X	N	40		mm							
49	监测点编号＋法向位移 Y	normal displacement Y	N	40		mm							
50	监测点编号＋法向位移 Z	normal displacement Z	N	40		mm							

5.2.3 网络众源数据

网络众源数据是指通过公开的气象水文网站，以网络爬虫等方式获取的20多种特征数据，见表5-3。

(1)气象数据：最低气温、最高气温、平均气温、降雨量、最低气压、最高气压、平均气压、海平面气压、平均风速、最大风速、极大风速、最大风速方向、极大风速方向、最小相对湿度、平均相对湿度、水气压等。

(2)库水位数据：三峡库区库水位、出库流量、入库流量等。

表5-3 网络众源特征数据表

序号	字段名称	字段名	类型	长度	小数	单位	必填	空值	缺省值	最大值	最小值	约束	备注
1	id	ID	N	20			必填	非空					
2	县(区)名称	county name	V	20			必填	非空					
3	站点ID	site ID	V	20									
4	站点名称	site name	V	20			必填	非空					
5	站点坐标	site coordinate	V	20									
6	上传时间	upload time	D				必填	非空					
7	最低气温	min temperature	N	20	1	℃							
8	平均气温	average temperature	N	20	1	℃							
9	最高气温	max temperature	N	20	1	℃							
10	降雨量	rainfall capacity	N	20		mm							
11	最低气压	min air - pressure	N	20		hPa							
12	平均气压	average air - pressure	N	20		hPa							
13	最高气压	max air - pressure	N	20		hPa							
14	海平面气压	sea - level pressure	N	20		hPa							
15	平均风速	average wind - speed	N	20		m/s							
16	最大风速	max wind - speed	N	20		m/s							

续表 5-3

序号	字段名称	字段名	类型	长度	小数	单位	必填	空值	缺省值	最大值	最小值	约束	备注
17	极大风速	extreme wind - speed	N	20		m/s							
18	最大风速方向	max wind - direction	N	20		(°)							
19	极大风速方向	extreme wind - direction	N	20		(°)							
20	最小相对湿度	min humidity	N	20		%							
21	平均相对湿度	average humidity	N	20		1%							
22	水气压	water - vapor pressure	N	20		hPa							
23	观测站名称	observatory name	V	20			必填	非空					
24	水位上传时间	upload time - rl	D				必填	非空					
25	三峡库区库水位	reservoir level	N			m	必填	非空					
26	入库流量	a flow	N			m^3/s							
27	出库流量	outbound traffic	N			m^3/s							

5.2.4 数据预处理

高切坡数据预处理方法分为四大类,分别为删除冗余属性、填补缺失值、特征值调整和数据分箱。

1. 删除冗余属性

不同数据在不同分析过程中有不同的作用,有些数据在某些特定数据分析过程中可能是一种无意义的冗余属性,这些数据有可能会降低数据分析的效率和占用过多存储的空间,甚至会导致数据挖掘与分析流程出错,因此需要在数据预处理阶段删除这部分数据。关于冗余属性的数据的处理需要具体问题具体分析,下面介绍两种情况。

(1)删除在特定情况下具有不变的唯一属性数据。在进行高切坡区域分类预测分析时,从网络上获取的气象数据以县(区)为最小单元,即对该县(区)每个高切坡来说,所有高切坡的气象数据,包括最低气温、最高气温、平均气温、降雨量等数据是一样的、没有变化的,在这种情况下该属性不构成变量,对数据分析及结果判断意义不大,可以在分析数据集中删除这些具有唯一属性的数据,类似的还有地震烈度等数据。但是对具体的单体高切坡来说,气象数据是基于时间序列的不断变化的数据，是单体高切坡预测分析必不可少的数据，不能从单体高切坡的分析数据集中删除。

(2)删除与分析无关的属性。数据集中存在某些特征，仅用于标识和区分高切坡的名称、地理位置等，如高切坡名称、高切坡编号等，可以从分析数据集中删除这些数据。

2. 填补缺失值

在数据采集和整理的过程中，会有一部分特征项存在漏采或缺失的情况，为了保证尽可能多的特征数据参与数据挖掘分析，需要依据不同的具体情况，对这些特征项中的缺失值进行填补。如有部分数据项缺失的数据较多，比如超过整个数据集的20%，为保证数据分析的合理性，这部分数据项将不参与数据分析，可不对它进行填补处理。下面介绍5种填补方式。

(1)专业关联填补。结合不同特征项之间的专业规律和地质理论进行填补，例如“破碎程度”和“主体风化程度”之间有一定的联系，主体风化程度较严重的岩石，其破碎程度一般也较严重，可以据此对这两项中缺失的变量进行填补(表5-4)。

表5-4 缺失值的专业关联填补

主要成分	坡面面积/m^2	坡脚高程/m	坡顶高程/m	破碎程度	主体风化程度	安全等级	地震烈度
泥岩	1500	202.00	222.00	较破碎	中风化	二级	Ⅵ度
花岗岩	9584	180.60	222.90	较破碎	中等风化—强风化	一级	Ⅵ度
岩溶角砾岩	2100	730.00	757.00	破碎	强风化	二级	Ⅵ度
片麻岩	11 422	189.80	252.00	较破碎	中等风化—强风化	二级	Ⅵ度
泥岩、砂岩	11 680	221.00	265.00	破碎	强风化	二级	Ⅵ度
花岗岩	6422	275.00	312.00	破碎	全风化	二级	Ⅵ度
花岗岩	4908	243.60	273.60	较破碎	全风化	二级	Ⅵ度
花岗岩	1300	182.00	204.20	破碎	全风化	二级	Ⅵ度
花岗岩	19 318	369.00	369.60	破碎	全风化—强风化	二级	Ⅵ度
花岗岩	17 825	269.00	309.60	破碎	中等风化—强风化	一级	Ⅵ度
花岗岩	2570	135.00	172.00	较破碎	全风化—强风化	二级	Ⅵ度

(2)均值插补。如果样本属性的距离是可度量的，则使用该属性有效值的平均值来插补缺失的值；如果样本属性的距离是不可度量的，则使用该属性有效值的众数来插补缺失的值。

(3)建模预测。将缺失的属性作为预测目标来预测，利用机器学习算法对待预测数据集的缺失值进行预测与填补。

(4)高维映射。将属性映射到高维空间，采用独热码编码(one-hot)技术，将包含k个离散取值范围的属性值扩展为$k+1$个属性值，若该属性值缺失，则扩展后的第$k+1$个属性值为1。

(5)多重插补。多重插补认为待插补的值是随机的,实践上通常是估计出待插补的值,再加上不同的噪声,形成多组可选插补值,最后根据某种选择依据,选取最合适的插补值。

3. 特征值调整

数据采集整理后,会有一部分数据的值不易进行数据挖掘,例如标称型、分布过于分散的数值型等。基于该类问题,需要对特征值进行一系列的调整,下面介绍几种调整方法。

(1)标准化。数据标准化是指将数据按比例缩放,使之落入一个小的特定区间。在某些比较和评价的指标处理中经常会用到此类方法,去除数据的单位限制,将数据转化为无量纲的纯数值,便于对不同单位或量级的指标进行比较和加权。其中最典型的就是数据的归一化处理,即将数据统一映射到[0,1]区间上。

(2)正则化。数据正则化的过程是针对单个样本的,其定义是:将每个样本缩放到单位范数。

(3)二值化。数据二值化是指用 0 和 1 来表示样本矩阵中相对于某个给定阈值高于或低于它的元素,或将标签性数据中的“是”和“否”转化成 1 和 0。

(4)离散化。数据离散化是指把无限空间中有限的个体映射到有限的空间中,以此提高算法的时空效率。通俗地说,离散化是在不改变数据相对大小的条件下,对数据进行相应的缩小。

(5)独热编码。又称一位有效编码,其方法是使用 N 位状态寄存器来对特征的 N 个状态进行编码,每个状态都有独立的寄存器位,并且在任何时候只有一位有效,即有多少个状态就有多少个 bit,而且只有一个 bit 为 1,其他全为 0。

独热编码主要用于对离散型的分类型数据进行数字化,如将文本分类属性的性别进行数字化的示例:对于离散数据{sex:{male,female,other}},如果单纯使用{1,2,0}进行编码(即标签编码),在模型训练中不同的值可能会使同一特征在样本中的权重发生变化。而采用独热编码,有 3 个分类值,需要 3 个 bit 位表示该特征值,得到的独热编码为{100,010,001},分别表示{male,female,other}。

(6)标签编码。标签编码是指将离散型变量转换成连续的数值型变量,即对不连续的数字或者文本进行编号。对于不同的特征,其编码表不同且相互独立,在编码和解码时都要使用对应特征的编码表。

在高切坡数据处理过程中,需要进行离散化的特征数据有很多项,如坡长(延伸长度)、平均坡高、最大坡高、平均坡角、最大坡角、高切坡走向、高切坡倾向、坡面面积、坡脚高程、坡顶高程、黏聚力、内摩擦角、重度、抗压强度、pH 值、极端最高气温(勘查)、年降雨量最大值(勘查)、年降雨量最小值(勘查)、年降雨量(勘查)、年平均降雨量(勘查)等。这些特征均通过数据分箱的方式计算出其分割区间。

对于文本型数值或不连续数值,需进行独热编码或标签编码的特征数据项有边坡类型、岩体结构类型、介质类型、主要成分、破碎程度、主体风化程度、安全等级、地下水类型、补给方式等。以高切坡边坡类型为例,编码规则说明如下。

高切坡的边坡类型可分为 3 种:岩质坡、土质坡和岩土质坡。其编码方式可以规定为:岩质坡编码为 1,土质坡编码为 2,岩土质坡编码为 3。

数值为“有”与“无”或者“是”与“否”，如有无断层、有无裂隙、是否异常、是否变形、防护措施是否正常、排水是否正常、是否存在人工破坏等，进行二值化时可规定“有”或“是”用“1”表示，“无”或“否”用“2”表示。

4. 数据分箱

数据分箱（也称为离散分箱或分段）是一种数据预处理技术，是用于减小次要观察误差的影响，将多个连续值分组为较少数量的“分箱”的方法。常见的方法有如下3种。

（1）等距分箱。在最小值到最大值之间，均分为 N 等份，这样，如果 A、B 分别为最小值和最大值，则每个区间的长度为 $W=(B-A)/N$，区间边界值为 $A+W, A+2W, \cdots, A+(N-1)W$。等距分箱只考虑边界，每个等分里面的实例数量可能不等。

（2）等频分箱。要选择区间的边界值，使得每个区间包含大致相等的实例数量。比如说当 $N=10$，则每个区间应该包含大约10%的实例。

（3）卡方分箱。它依赖于卡方检验：具有最小卡方值的相邻区间合并在一起，直到满足确定的停止准则。其基本思想为：对于精确的离散化，相对类频率在一个区间内应当完全一致。因此，如果两个相邻的区间具有非常类似的类分布，则这两个区间可以合并；否则，它们应当保持分开状态。而低卡方值表明两个区间具有相似的类分布。

5.2.5 特征数据集

1. 区域高切坡特征数据集

区域高切坡特征数据集总体包含两个部分的内容，分别为高切坡静态特征数据（表5-1）和部分高切坡群测群防数据。一个高切坡可形成一条数据记录。

以秭归县为例，在高切坡基础地质数据中选取缺失值较少且具备普遍意义的33项特征，这33项特征可分为五大类，具体如下。

（1）高切坡基本信息数据：边坡类型、岩体结构类型、介质类型、走向、倾向、坡长（延伸长度）、主要成分、平均坡高、最大坡高、平均坡角、最大坡角、坡面面积、坡脚高程、坡顶高程、安全等级。

（2）高切坡岩层数据：有无裂隙、有无断层、破碎程度、主体风化程度。

（3）高切坡物理力学参数数据：黏聚力、内摩擦角、重度、抗压强度。

（4）高切坡水文数据：地下水类型、补给方式、pH值。

（5）高切坡施工期间气象数据：年平均气温、极端最高气温、极端最低气温、相对湿度、年降雨量、年降雨量最大值、年降雨量最小值、年平均降雨量。

群测群防巡查数据依据表5-5中的规则，整理为5项特征，分别为是否变形、排水是否正常、防护措施是否正常、是否存在人工破坏、是否异常。

因为秭归县共有190个地质数据和群测群防巡查数据完备的高切坡，所以秭归县区域特征数据集共有190条数据和38项特征，即190 × 38的一个数据矩阵。

表 5-5 群测群防巡查数据整合规则表

整合后的数据项名称	原群测群防中的数据项名称	整合方式
是否变形	坡面是否出现鼓胀、坡面是否出现反翘、伸缩缝是否错开、是否有掉块现象、是否存在坡面水平交错裂缝、是否存在高切坡整体变形拉裂、是否有道路拉裂沉陷现象、坡顶树木及电杆是否倾斜倾倒、坡顶后部是否有下座拉裂台阶、坡顶房屋墙体是否开裂	若原群测群防中的数据项对应数据均为“否”,则“是否变形”取“否”;若原群测群防中的数据项对应数据存在“是”,则“是否变形”取“是”
排水是否正常	泄水孔的排水是否通畅、排水沟是否有裂缝渗漏、坡顶截水沟是否堵塞、坡脚排水沟是否堵塞、坡面排水孔是否失效	若原群测群防中的数据项对应数据中,“泄水孔的排水是否通畅”为“否”,其他均为“是”,则“排水是否正常”取“否”;若原群测群防中的数据项对应数据中,“泄水孔的排水是否通畅”为“是”,其他均为“否”,则“排水是否正常”取“是”
防护措施是否正常	坡顶防护结构是否破坏、坡面防护措施是否存在局部破坏、专业监测设施是否遭到损毁	若原群测群防中的数据项对应数据均为“否”,则“防护措施是否正常”取“是”;若原群测群防中的数据项对应数据存在“是”,则“防护措施是否正常”取“否”
是否存在人工破坏	是否存在乱搭乱盖、坡顶是否存在违规堆载、坡脚是否存在开挖取土现象、是否存在违规耕种灌溉	若原群测群防中的数据项对应数据均为“否”,则“是否存在人工破坏”取“否”;若原群测群防中的数据项对应数据存在“是”,则“是否存在人工破坏”取“是”
是否异常		若“是否变形”“是否存在人工破坏”均为“否”,且“排水是否正常”“防护措施是否正常”均为“是”,则“是否异常”取“否”;反之,若有任意一项不符合上述条件,则“是否异常”取“是”

2. 单体高切坡特征数据集

单体高切坡特征数据集分为两类,分别为包含专业监测的单体高切坡特征数据集和不包含专业监测的单体高切坡特征数据集。

1)包含专业监测的单体高切坡特征数据集

包含专业监测的单体高切坡特征数据集有 3 个部分内容,分别为高切坡专业监测数据、高切坡群测群防巡查数据、高切坡气象及库水位等的网络众源数据。其中,高切坡专业监测数据取每个监测点的 9 个特征数据项,分别为观测值 X、观测值 Y、观测值 H、本期位移 X、

本期位移 Y、本期位移 H、本期法向位移 X、本期法向位移 Y、本期法向位移 H。每个专业监测时间点的数据可形成一条数据记录。

不同的重点高切坡上一般设有一个或数个监测点，以秭归县的 ZG0028 高切坡为例，由于在该高切坡共设置两个监测点(JC663、JC664)，因而该高切坡的专业监测数据有 18 个特征数据项，分别为 JC663 的观测值 X、JC663 的观测值 Y、JC663 的观测值 H 等 9 个特征数据项和 JC664 的观测值 X、JC664 的观测值 Y、JC664 的观测值 H 等 9 个特征数据项。依据表 5-4 中的规则整理了 5 项群测群防巡查特征数据项：是否变形、排水是否正常、防护措施是否正常、是否存在人工破坏、是否异常。

2)不包含专业监测的单体高切坡特征数据集

不包含专业监测的单体高切坡特征数据集有 2 个部分内容，分别为高切坡群测群防数据和高切坡气象及库水位等的网络众源数据。一次群测群防巡查可形成一条数据，组成该高切坡的长时间序列数据集。

单体高切坡特征数据集是一个时间序列的数据集，由于目前高切坡已经积累了十多年的专业监测和群测群防数据，因而每个单体高切坡的特征数据集都是一个长时间序列的大数据集，尤其是被重点监测的高切坡，其特征数据集往往可形成数百个(重点高切坡数量)数十(参数集的参数项个数)× 数万(基于时间序列的数据记录条数)的数据矩阵。

5.2.6 预处理后的特征数据集示例

本书以预处理后的一个特征数据集的前 10 项为例，介绍特征集的内容及其各特征值预处理后的定义(表 5-6)。

表 5-6 特征集前 10 项数据示例

边坡类型	介质类型	坡长	最大坡高	平均坡角	走向	坡面面积	主体风化程度	主要成分	有无断层	有无裂隙	黏聚力	内摩擦角	年平均降雨量	安全等级
1	2	1	3	5	1	1	3	6	0	1	3	2	1	1
1	1	4	3	1	1	5	7	1	0	1	1	4	2	1
1	1	2	2	2	1	3	7	1	0	1	1	4	2	0
1	2	1	1	5	1	1	7	1	0	1	1	4	2	0
1	1	5	2	3	4	5	6	1	0	1	1	4	2	0
1	1	5	5	2	1	5	3	1	0	1	1	4	2	1
1	2	4	5	3	2	4	7	24	0	1	4	2	3	0
1	3	5	5	4	1	5	3	1	0	1	1	3	3	1
1	2	3	5	5	4	4	3	11	0	1	2	2	1	0
1	2	4	3	2	4	3	3	9	0	1	3	2	1	0

在该数据集中，边坡类型、介质类型、主体风化程度、主要成分经过了标签编码处理，坡长、最大坡高、平均坡角、走向、坡面面积、黏聚力、内摩擦角、年平均降雨量经过了数据分箱处理（采用等频分箱），有无断层、有无裂隙经过了二值化处理。安全等级作为预测特征值，根据一级、二级、三级的安全性不同可分为“安全”和“不安全”。其中一级为不安全，三级为安全。

预处理后的部分特征值的具体定义如下。

边坡类型：岩质坡＝1，岩土坡＝2，土质坡＝3。

介质类型：Ⅰ1＝1，Ⅰ2＝2，Ⅰ3＝3，Ⅱ＝4，Ⅲ＝5。

坡长：＜＝184.0＝1，184.1－247.5＝2，247.6－318.0＝3，318.1－445.0＝4，445.1＋＝5。

最大坡高：＜＝21.00＝1，21.01－27＝2，27.01－31＝3，31.01－38＝4，38.01＋＝5。

平均坡角：＜＝51＝1，52－55＝2，56－59＝3，60－63＝4，64＋＝5。

走向：0－89＝1，90－179＝2，180－269＝3，270－359＝4。

坡面面积：＜＝3 028.77＝1，3 028.78－4 330.00＝2，4 330.01－7 038.00＝3，7 038.01－13 050.00＝4，13 050.01＋＝5。

有无断层：无＝0，有＝1。

有无裂隙：无＝0，有＝1。

黏聚力：＜＝40＝1，40.1－80＝2，80.1－550＝3，550.1＋＝4。

内摩擦角：＜＝24.00＝1，24.01－28.10＝2，28.11－32.00＝3，32.01－35.00＝4，35.01＋＝5。

年平均降雨量：＜＝1 100.7＝1，1 100.8－1 439.2＝2，1 439.3＋＝3。

5.3　基于大数据的区域高切坡智能预测预警

5.3.1　算法准确度对比

1. 数据挖掘分析算法

区域高切坡预测基于14种分类预测算法，在进行高切坡预测分析前，需要进行算法准确度对比，以找出对某一特征集而言准确度最高的算法。系统采用的分类预测算法包括逻辑回归、线性判别分析、k近邻算法、决策树、支持向量机、3种贝叶斯分类器算法、人工神经网络、装袋决策树、Adaboost算法、梯度提升树、随机森林、极端随机树、k折交叉验证、皮尔逊相关系数。参数选取以相关性分析为例进行说明，相关性分析采用的是皮尔逊相关系数。

1）逻辑回归

在线性回归模型中，输出一般是连续的，例如：$y=\mathrm{f}(x)=ax+b$，对于每一个输入的x，都有一个对应的y输出。模型的定义域和值域都可以是$[-\infty,+\infty]$。但是对于逻辑回归

(Logistic Regression),输入可以是连续的[$-\infty$,$+\infty$],但输出一般是离散的,即只有有限个输出值。例如,其值域可以只有两个值{0,1},这两个值可以表示对样本的某种分类,高/低、患病/健康、阴性/阳性等,这是最常见的二分类逻辑回归。因此,从整体上来说,通过逻辑回归模型,将在整个实数范围上的 x 映射到有限个点上,这样就实现了对 x 的分类。当每一个 x 经过逻辑回归分析后,就可以将它归入某一类 y 中。

2)线性判别分析

线性判别分析(Liner Discriminant Analysis)是一种经典的线性学习方法,在二分类问题上最早由 Fisher 在 1936 年提出,亦称 Fisher 线性判别。线性判别的思想非常朴素:给定训练样例集,设法将样例投影到一条直线上,使得同类样例的投影点尽可能接近,异样样例的投影点尽可能远离;在对新样本进行分类时,将新样本投影到同样的直线上,再根据投影点的位置来确定新样本的类别。

3)k 近邻算法

k 近邻算法(k - Neighbors Classifier)是指通过测量不同特征值之间的距离进行分类。它的思路是:如果一个样本在特征空间中的 k 个最相似(即特征空间中最邻近)样本中的大多数属于某一个类别,则该样本也属于这个类别,其中 k 通常是不大于 20 的整数。在 k 近邻算法中,所选择的邻居都是已经被正确分类的对象。该方法在分类决策上只依据最邻近的一个或者几个样本的类别来决定待分样本所属的类别。

4)决策树

决策树(Decision Tree)是一个类似于流程图的树型结构。一个决策树由根节点、分支和叶节点所构成。决策树的最高层次的节点称为根节点,是整个决策树的开始。与根节点相连接的不同分支则对应这个属性的不同取值,根据不同的属性可转向相应的分支,在新到达的节点处同样地做出类似分支判断直至这一过程达到某个叶节点。在决策树中,每一个内部节点都表示一个测试,这个节点的每个分支则表示该测试的一个结果,每个叶节点则表示一个类别。

5)支持向量机

支持向量机(SVM)是一个监督学习算法,既可以用于解决分类问题,也可以用于解决回归问题。SVM 解决分类问题的原理:将数据绘制在 n 维空间中(n 代表数据的特征数)。为了保证计算负荷合理,人们选择适合该问题的核函数来定义 SVM 使用的映射,以确保可以很容易地用原始空间中的变量计算点积,并通过计算查找可以将数据分成两类的超平面,依据超平面判断数据类型。

6)3 种贝叶斯分类器算法

本部分用到的 3 种贝叶斯分类器算法分别是高斯朴素贝叶斯(Gaussian Naive Bayes)、多项式朴素贝叶斯(Multinomial Naive Bayes)、伯努利朴素贝叶斯(Bernoulli Naive Bayes)。

朴素贝叶斯的思想基础:对于给出的待分类项,求解在此项出现的条件下各个类别出现的概率,哪个最大,就认为此待分类项属于哪个类别。

整个朴素贝叶斯分类分为 3 个阶段:

第一阶段——准备工作阶段。这个阶段的任务是为朴素贝叶斯分类作必要的准备,主要工作是根据具体情况确定特征属性,并对每个特征属性进行适当划分,然后由人工对一部分待分类项进行分类,形成训练样本集合。这一阶段的输入内容是所有待分类数据,输出内容是特征属性和训练样本。

第二阶段——分类器训练阶段。这个阶段的任务就是生成分类器,主要工作是计算每个类别在训练样本中的出现频率及每个特征属性划分对每个类别的条件概率,并记录结果。其输入内容是特征属性和训练样本,输出内容是分类器。

第三阶段——应用阶段。这个阶段的任务是使用分类器对待分类项进行分类,其输入内容是分类器和待分类项,输出内容是待分类项与类别的映射关系。

高斯朴素贝叶斯的原理:假设一个连续型变量的值符合高斯分布,即正态分布。通过样本计算出均值和方差,可得到正态分布的密度函数。有了密度函数,就可以把值代入,算出某一点的密度函数的值,从而根据密度函数的值来判断类别。

多项式朴素贝叶斯的原理:在计算先验概率和条件概率时,利用多项式计算进行一些平滑处理。如果不作平滑处理,当某一维特征的值没有在训练样本中出现过时,会导致后验概率为 0,加上平滑处理就可以克服这个问题。

伯努利朴素贝叶斯的原理:假设一个离散型变量的值符合伯努利分布,每个特征的取值是布尔型的,即 true 和 false,或者 1 和 0。

7)人工神经网络

人工神经网络(Artificial Neural Networks,ANN)是指对人脑或自然神经网络若干基本特性的抽象和模拟。神经网络近来越来越受到人们的关注,因为它为解决复杂度问题提供了一种相对来说比较有效的简单方法。在结构上,可以把一个神经网络划分为输入层、输出层和隐含层。输入层的每个节点对应一个预测变量。输出层的节点对应目标变量,可有多个。输入层和输出层之间有隐含层,隐含层的层数和每层节点的个数决定了神经网络的复杂度。

在诸多类型的神经网络中,最常用的是前向传播式神经网络,其传播过程如下。

(1)前向传播。数据从输入到输出的过程是一个从前向后的传播过程,后一节点的值通过它前面相连的节点传过来,然后把值按照各个连接权重的大小加权输入活动函数,再得到新的值,进一步传播到下一个节点。

(2)回馈。当节点的输出值与我们预期的值不同,也就是发生错误时,神经网络就需要"学习"。我们可以把节点间连接的权重看成后一节点对前一节点的"信任"程度。"学习"的过程:如果一个节点输出发生错误,那么要看错误是受哪些输入节点的影响而造成的,是不是权重最高的节点使分类出错,如果是,则要降低权重,同时提高那些提供正确建议的节点的权重。对那些被降低了权重(受到惩罚)的节点来说,也需要用同样的方法来进一步惩罚它前面的节点,就这样一步步向前传播直至输入节点为止。

对训练集中的每一条记录都要重复这个步骤,用前向传播得到输出值,如果发生错误,则用回馈法进行"学习"。

8)装袋决策树

装袋法(Bagging)又称自助法聚集(Bootstrap Aggregation)。它是一种常用的集成策略，即通过自助法抽取 B 个子样本集，利用这些子样本集建立 B 棵决策树，且在决策树生成过程中不必剪枝。对于分类问题，一般利用多数原则进行投票，将最高票的类别用于最终的判断结果；对于回归问题，则利用均值法，将均值用作预测样本的最终结果。

9）Adaboost 算法

Adaboost，是英文“Adaptive boosting”（自适应增强）的缩写，是指一种基于 boosting 的集成机器学习方法。Adaboost 算法的自适应在于：前一个分类器分错的样本会被用来训练下一个分类器。Adaboost 算法对于噪声数据和异常数据很敏感。但在一些问题中，Adaboost 算法相对于大多数其他学习算法而言，不会很容易出现过拟合现象。Adaboost 算法中使用的分类器功能可能很弱（比如出现很大错误率），但只要它的分类效果比随机好一点（比如两类问题分类错误率略小于 0.5），就能够改善最终得到的模型。而错误率高于随机分类器的弱分类器也是有用的，因为在最终得到的多个分类器的线性组合中，弱分类器可以给它们赋予负系数，同样也能提升分类效果。

Adaboost 算法是一种迭代算法，计算时可在每一轮中加入一个新的弱分类器，直到达到某个预定的足够小的错误率。每一个训练样本都被赋予一个权重，这个权重代表它被某个分类器选入训练集的概率。如果某个样本点已经被准确地分类，那么在构造下一个训练集时，它被选中的概率就会降低；相反，如果某个样本点没有被准确地分类，那么它的权重就会提高。通过这样的方式，Adaboost 算法能聚焦于那些较难分（更富信息）的样本上。在具体实现上，最初令每个样本的权重都相等，对于第 k 次迭代操作，我们就根据这些权重来选取样本点，进而训练分类器 Ck。然后就根据这个分类器来提高被它分错的样本的权重，并降低被正确分类的样本的权重。最后，权重更新过的样本集被用于训练下一个分类器 Ck。整个训练过程如此迭代下去。

10）梯度提升树

提升（Boosting）与装袋（Bagging）类似，都是集成学习算法，基本原理都是把多个弱分类器集成为强分类器。不过与装袋不同，装袋集成策略的每一步都是独立抽样的，而提升集成策略每一次迭代都是基于前一次的数据进行修正，以便提高前一次模型中错分样本在下次被抽中的概率。梯度提升树（Gradient Boosting Decision Tree，GBDT）是基于提升集成策略的一种典型代表算法，但是和传统的 Adaboost 算法有很大的不同。Adaboost 算法是利用前一轮迭代弱学习器的误差率来更新训练集的权重，并一轮一轮地迭代下去。梯度提升树也采用迭代算法，使用了前向分布算法，但是弱学习器限定了它只能使用分类回归树（Classification and Regression Tree，CART）模型，同时迭代思路和 Adaboost 算法也有所不同。

在 GBDT 的迭代中，假设前一轮迭代得到的强学习器是 $ft-1(x)$，损失函数是 $L[y,ft-1(x)]$，本轮迭代的目标是找到一个 CART 回归树模型的弱学习器 $ht(x)$，让本轮的损失 $L(y,ft(x)=L(y,ft-1(x)+ht(x))$ 最小。也就是说，通过本轮迭代找到决策树后，要让样本的损失尽量变得更小。在得到多棵树后，再根据每棵树的分类误差进行加权投票，得到最终的分类结果。

11）随机森林

在机器学习中，随机森林（Random Forest）是一个包含多个决策树的分类器，并且其输出的类别由个别树输出的类别的众数而定。这个方法则是结合 Bootstrap 抽样法和随机子空间法来建造决策树的集成。该算法的核心步骤如下。

(1)利用 Bootstrap 抽样法,从原始数据集中生成 k 个数据集,每个数据集都含有 N 个观测值和 P 个自变量。

(2)针对每个数据集,使用分类回归树算法生成决策树。

(3)让每一个决策树尽可能生长,使得每个节点尽可能"纯净",即不需要进行剪枝。

(4)针对生成的 k 个决策树,对分类问题利用多数原则进行投票,将最高票的类别用于最终的判断结果;而对于回归问题,则利用均值法,将均值用作预测样本的最终结果。

12)极端随机树

极端随机树(Extra Randomized Tree)算法与随机森林算法十分相似,都是由许多决策树构成。极端随机树与随机森林的主要区别如下。

(1)随机森林应用的是 Bootstrap 抽样法进行随机抽样,得到各个弱学习器的子样本集;而极端随机树则使用所有的样本进行抽样,只是特征是随机选取的,因为分裂是随机的,所以在某种程度上比随机森林得到的结果更好。

(2)随机森林是指在一个随机子集内得到最佳分叉属性,而极端随机树是指完全随机地得到分叉值,从而实现对决策树进行分叉。

13)k 折交叉验证

交叉验证是用来验证分类器性能的一种统计分析方法,有时也称作循环估计,在统计学上是将数据样本切割成小子集的方法。基本原理是:按照某种规则将原始数据进行分组,一部分作为训练数据集,另一部分作为评估数据集。验证时可先用训练数据集对分类器进行训练,再利用评估数据集来测试训练得到的模型,以此作为评价分类器性能的指标。

k 折交叉验证(k - fold Cross Validation)是指将原始数据分成 k 组(一般是均分),将每个子集数据分别做一次验证集,其余的 $k-1$ 组子集数据作为训练集,这样会得到 k 个模型,再用这 k 个模型最终的验证集的分类准确率的平均数,作为此 k 折交叉验证下分类器的性能指标。k 值一般大于 2,实际操作时一般从 3 开始取值,只有在原始数据集和数据量小的时候才会尝试取值 2。k 折交叉验证可以有效地避免过拟合及欠拟合状态的出现,最后得到的结果也比较具有说服力。

14)皮尔逊相关系数

皮尔逊相关系数广泛用于度量两个变量之间的相关程度,其值介于-1与 1 之间。两个变量之间的皮尔逊相关系数为两个变量之间的协方差和标准差的商。皮尔逊相关系数有一个重要的数学特性,即两个变量的位置和尺度的变化并不会引起该系数的改变。

2. 自动流程实现

区域高切坡的预测预警主流程详见 5.1 的内容,数据流程:数据筛选→处理缺失值→数据分箱→离散化→拆分训练集和预测集→特征筛选→算法对比→选最好的算法建模→对预测集进行预测→跟实际情况对比及反馈优化。为便于说明,对下面参数集选择部分只采用了相关性分析进行简要说明。

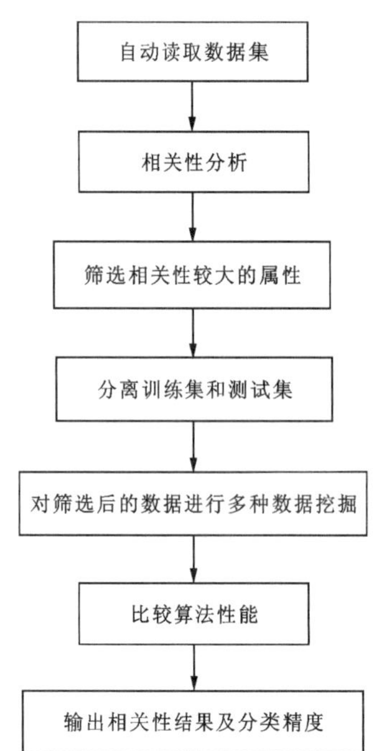

图 5-3　算法准确度对比流程图

算法准确度对比流程见图 5-3。

首先，读取区域特征数据，对读取到的特征集参数进行相关性分析，筛选出与预测值（如安全等级、是否异常等）之间的相关系数大于 0.1 的特征参数，依据相关系数的大小可以对参数进行组合分类。然后，利用筛选出的不同参数组合对应的数据集进行算法准确度对比分析，采用 k 折交叉验证得到最终的准确度。最后，将相关系数分析结果和模型准确度比较的结果写入指定的文档或数据库中。

由计算结果可知，与下一期“是否异常”呈正相关关系的特征有 21 个，分别是是否变形、是否存在人工破坏、是否异常、年降雨量最大值（勘查）、年降雨量最小值（勘查）、年平均降雨量（勘查）、年降雨量（勘查）、坡长、平均坡高、最大坡高、坡面面积、最大坡角、边坡类型、主要成分、岩体结构类型、极端最高气温（勘查）、高切坡走向、高切坡倾向、有无断层、内摩擦角、补给方式。

与下一期“是否异常”呈负相关关系的特征有 15 个，分别是排水是否正常、防护措施是否正常、黏聚力、平均坡角、pH 值、重度、介质类型、破碎程度、主体风化程度、地下水类型、坡脚高程、坡顶高程、抗压强度、安全等级、有无裂隙。

与下一期“是否异常”之间的相关系数绝对值大于 0.1 的特征有 22 个，分别是是否变形、防护措施是否正常、是否存在人工破坏、是否异常、年降雨量最大值（勘查）、年降雨量最小值（勘查）、年平均降雨量（勘查）、年降雨量（勘查）、坡长、坡面面积、pH 值、重度、最大坡角、边坡类型、主要成分、主体风化程度、极端最高气温、坡脚高程、坡顶高程、抗压强度、倾向、补给方式。

与下一期“是否异常”之间的相关系数绝对值大于 0.2 的特征有 11 个，分别是是否变形、防护措施是否正常、是否异常、年降雨量最大值、年降雨量最小值、年平均降雨量、坡长、坡面面积、主要成分、极端最高气温（勘查）、坡脚高程。

接下来将分别对以上 4 种经相关性分析筛选的特征集合和不经筛选的特征集合进行算法效果对比，由此得到效果最佳的特征集合和准确度最高的算法。

5.3.2　高切坡区域预测

高切坡区域预测流程见图 5-4。

(1)高切坡分类。以秭归县高切坡为例，依据高切坡的边坡类型（岩质、土质等）、岩体结构（块状、层状等）、坡向（顺向坡、逆向坡等），同时考虑样本的数量，将秭归县高切坡分为块状岩质高切坡、层状岩质高切坡、土质高切坡等不同的高切坡类型。由于高切坡的类型不同，所取的参数也会不同。因而，不同类型的高切坡的智能预测与评估各自单独进行。

(2)缺失值处理。依据数据预处理章节介绍的方法进行缺失值处理。

(3)区间值处理(图 5-5)。区间值处理是指把一个区间的数据转化为一个具体的数值,分为多种情况。①pH 值:如 pH 值为 7.1~8.9,取平均值代替区间值。②对倾向、走向类型取平均值时应注意:数值在 360°以内取两个数的平均值,例如数值区间为 150°~270°,取平均值为 210°;跨越 360°的区间且 $A>B$,先判断两者之和是否大于 360°,若大于 360°,采用公式$[B-(360°-A)]/2$;若两者之和小于 360°,采用公式 $A+[(360°-A)+B]/2$。③倾角取较大的数值。

(4)数据分箱。一般采用等频分箱,且一般分成 5 类,少于 5 类时可依据具体分类数量分箱。

(5)数据离散化。将离散的文字数据数值化(图 5-6),将连续数据离散化(图 5-7)。

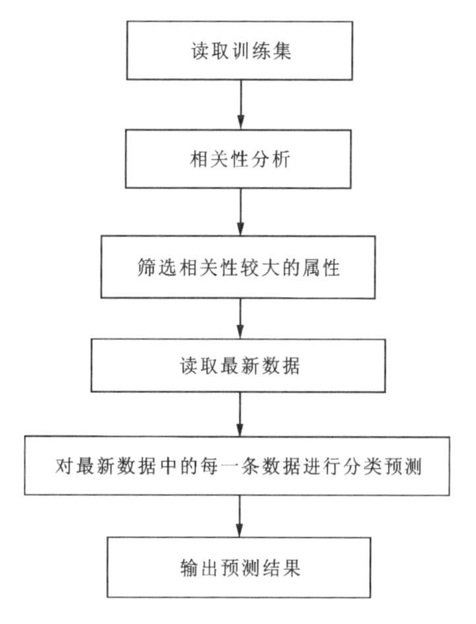

图 5-4 高切坡区域预测流程图

1	有无裂隙	岩层倾向	岩层倾角	黏聚力c	内摩擦角φ	变形模量	重度(kN/m)
2	有	10°~15°	50°~55°	100kPa	25°	3GPa	25.8
3	有	10°~15°	50°~55°	100kPa	25°	3GPa	25.8
4	有	10°~15°	50°~55°	100kPa	25°	3GPa	25.8
5	有	10°~15°	50°~55°	100kPa	25°	3GPa	25.8

1	抗压强度	pH值	年平均气温	极端最高气温	极端最低气温	相对湿度
2	12.3MPa	7.1~8.9	18°	42℃	-8.9℃	77%
3	12.3MPa	7.1~8.9	18°	42℃	-8.9℃	77%
4	12.3MPa	7.1~8.9	18°	42℃	-8.9℃	77%
5	12.3MPa	7.1~8.9	18°	42℃	-8.9℃	77%

图 5-5 区间值示例

(6)拆分训练集和预测集。将离散化后的数据集按照一定的规则拆分训练集和预测集。

(7)参数集组合。通过相关性分析对参数进行组合分类。

(8)算法准确度对比。分别用逻辑回归、线性判别分析、k 近邻算法、决策树、支持向量机、3 种贝叶斯分类器算法、人工神经网络、装袋决策树、Adaboost 算法、梯度提升树、随机森林、极端随机树、k 折交叉验证、皮尔逊相关系数这 14 种数据分析方法对不同参数组合的训练集进行测试,得到准确度最好的参数集、数据集和对应算法。

(9)高切坡下一个时段的安全性预测。选择准确度比较高的算法和训练集进行模型拟合,然后使用该模型对需要预测的高切坡进行预测。

是否变形	排水是否正常	防护措施是否正常	是否存在人工破坏	是否异常	下一期是否异常
否	否	是	是	否	否
否	否	是	是	否	否
否	是	是	否	否	否
否	是	是	否	否	否

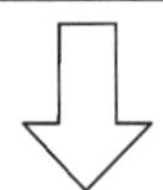

是否变形	排水是否正常	防护措施是否正常	是否存在人工破坏	是否异常	下一期是否异常
0	0	1	1	0	0
0	0	1	1	0	0
0	1	1	0	0	0
0	1	1	0	0	0

图 5-6　数值化示例

坡长（延伸长度）	平均坡高	最大坡高	平均坡角	最大坡角	走向
69	15m	27	65°	80	2
69	15m	27	65°	80	2
69	15m	27	65°	80	2
69	15m	27	65°	80	2

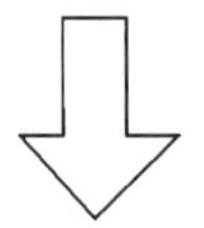

坡长（延伸长度）	平均坡高	最大坡高	平均坡角	最大坡角	走向
1	2	3	5	4	1
1	2	3	5	4	1
1	2	3	5	4	1
1	2	3	5	4	1

图 5-7　离散化示例

(10)输出预测结果。区域高切坡预测结果见图 5-8。

HCS-SP V1.0　欢迎进入三峡工程湖北库区高切坡智能管控云平台　欢迎您，系统管理员　退出登录

首页
定时智能评估服务
按需智能评估服务
阈值预警服务
新增斜坡安全性评价
评估反馈服务
数据服务
评估结果管理
综合评估
评估报告
消息中心
数据管理

首页　消息管理　综合评估　评估报告

县区名称：请输入县区名称　高切坡编号：请输入高切坡　查询　重置　展开

已选择 0项　清空选择

序号	县区名称	高切坡编号	高切坡名称	评估时间	评估结果	备注	操作
1	夷陵区	YL001Z	三斗坪镇新生居民点高切坡	2021-12-08	稳定		
2	秭归县	ZG010Z	秭归县城西楚工业区织布厂块状花岗岩高切坡	2021-12-08	稳定		
3	秭归县	ZG0008	归州新集镇屈姑桥-建材市场高切坡	2021-12-08	稳定		
4	巴东县	BD020Z	西一路质监站高切坡	2021-12-08	稳定		
5	兴山县	XS0014	李家沟大桥桥头高切坡	2021-12-08	稳定		
6	秭归县	4205272018AC40001	秭归县茅坪镇变电站高切坡	2021-12-08	稳定		
7	秭归县	ZG0068	郭家坝镇王家岭村沙土湾高切坡	2021-12-08	稳定		

图 5-8　区域高切坡预测结果

5.4 基于大数据的单体高切坡智能预测预警

5.4.1 数据挖掘算法

单体高切坡预测部分，示例中采用了3种回归预测算法进行回归分析，以找到拟合程度较好的某一单体高切坡位移回归方程。其一为相关性分析算法，用于对众多的特征参数进行相关系数计算。其二为聚类分析算法，用于对计算出的相关系数进行聚类与组合。其三为时间序列预测算法，用于对下一时刻的值进行预测。回归分析算法采用的是岭回归分析算法和BP神经网络算法，相关性分析采用的是皮尔逊相关系数，聚类分析算法采用的是K-means算法，时间序列预测算法采用的是ARIMA（Autoregressive Integrated Moving Average Model）模型。

1. 岭回归分析算法

岭回归分析算法是一种专用于共线性数据分析的有偏估计回归方法，实质上是一种改良的最小二乘估计法，是通过放弃最小二乘法的无偏性，以损失部分信息、降低精度为代价获得回归系数更为符合实际、更可靠的回归方法。

2. BP神经网络算法

BP神经网络算法是目前应用最广泛的神经网络模型之一，具有3层或3层以上结构，分别为输入层、隐含层（可为多层）和输出层。图5-9是一个典型的3层前馈型BP神经网络示意图。该网络的特点是能够将输入信号向前传输，再将输出值与真实值的误差反向传递，经过不断调整BP网络的权值和阈值，使预测输出不断逼近理想期望。

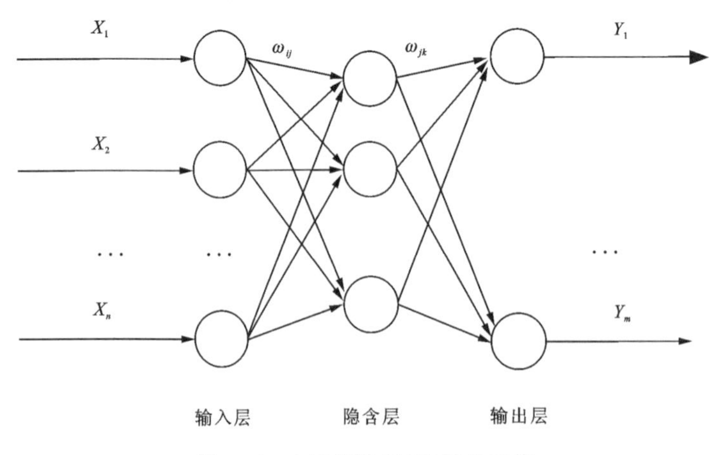

图5-9　3层前馈型BP神经网络

3. *K* - means 算法

K - means 算法是很典型的基于距离的聚类算法，采用距离作为相似性的评价指标，即认为两个对象的距离越近，其相似度就越高。*K* - means 算法以欧式距离作为相似度测度，求对应某一初始聚类中心向量 **V** 的最优分类，使得评价指标 j 最小，并采用误差平方和准则函数作为聚类准则函数。它的优点主要集中在：①算法快速、简单；②对大数据集有较高的效率并且是可伸缩的；③时间复杂度近于线性，而且适合挖掘大规模数据集。*K* - means 聚类算法的时间复杂度是 $O(nkt)$，其中 n 代表数据集中对象的数量，k 代表簇的数目，t 代表算法迭代的次数。

4. ARIMA 模型

ARIMA 模型全称为差分整合移动平均自回归模型，又称整合移动平均自回归模型（移动也可称作滑动），是时间序列预测分析方法之一。它是自回归模型、移动平均模型和差分法的结合。

一般来说，建立 ARIMA 模型有 3 个阶段，分别是模型识别和定阶、参数估计以及模型检验。在模型识别和定阶阶段，主要确定 p、d、q 三个参数，差分的阶数 d 一般通过观察图示，选取 1 阶或 2 阶即可。而 p 和 q 则根据拖尾和截尾的判定结果而定，这里的拖尾是指序列以指数率单调递减或震荡衰减，而截尾是指序列从某个时点变得非常小。模型的识别和定阶阶段所定义的 p 和 q 较为主观，如果需要依据一定的准则确定参数，则要进入参数估计阶段。在该阶段，一般需要平衡预测误差和参数个数，根据信息准则函数法可确定模型的各个参数。这里的预测误差通常用平方误差即残差平方和表示。最后的模型检验阶段主要有两个方面的检验：检验参数估计的显著性和检验残差序列的随机性，即残差之间是独立的。ARIMA 模型建立后，可进行模型预测。预测时主要会用到两个函数，一个是 predict 函数，一个是 forecast 函数。在 predict 函数中进行预测的时间段必须包含在基于 ARIMA 模型的训练数据中，forecast 函数则可用于对训练数据集末尾下一个时间段的值进行预估。本项目中主要用到的是 forecast 函数。

5.4.2 流程设计与实现

单体高切坡预测对象一般是指布置了位移监测点的重点高切坡，其数据源是长时序的动态监测数据，主要包括专业位移监测数据、群测群防数据和网络众源数据。我们可通过预测主滑方向上位移的大小评估其稳定性。每个包含专业监测的高切坡都有一个属于自己的单体数据集。

单体高切坡预测流程见图 5 - 10。

首先依次读取各个高切坡的单体特征数据集，对数据集进行相关性分析，计算各特征参数与主滑方向位移之间的相关系数。然后进行聚类分析，依据相关系数计算结果将特征参数划分为若干类，对这若干类进行聚类分析。对不同的参数聚类组合对应的数据集进行岭回归分析和 BP 神经网络分析，如聚类划分为 3 类（0，1，2），则有 7 种聚类组合［（0），（1），

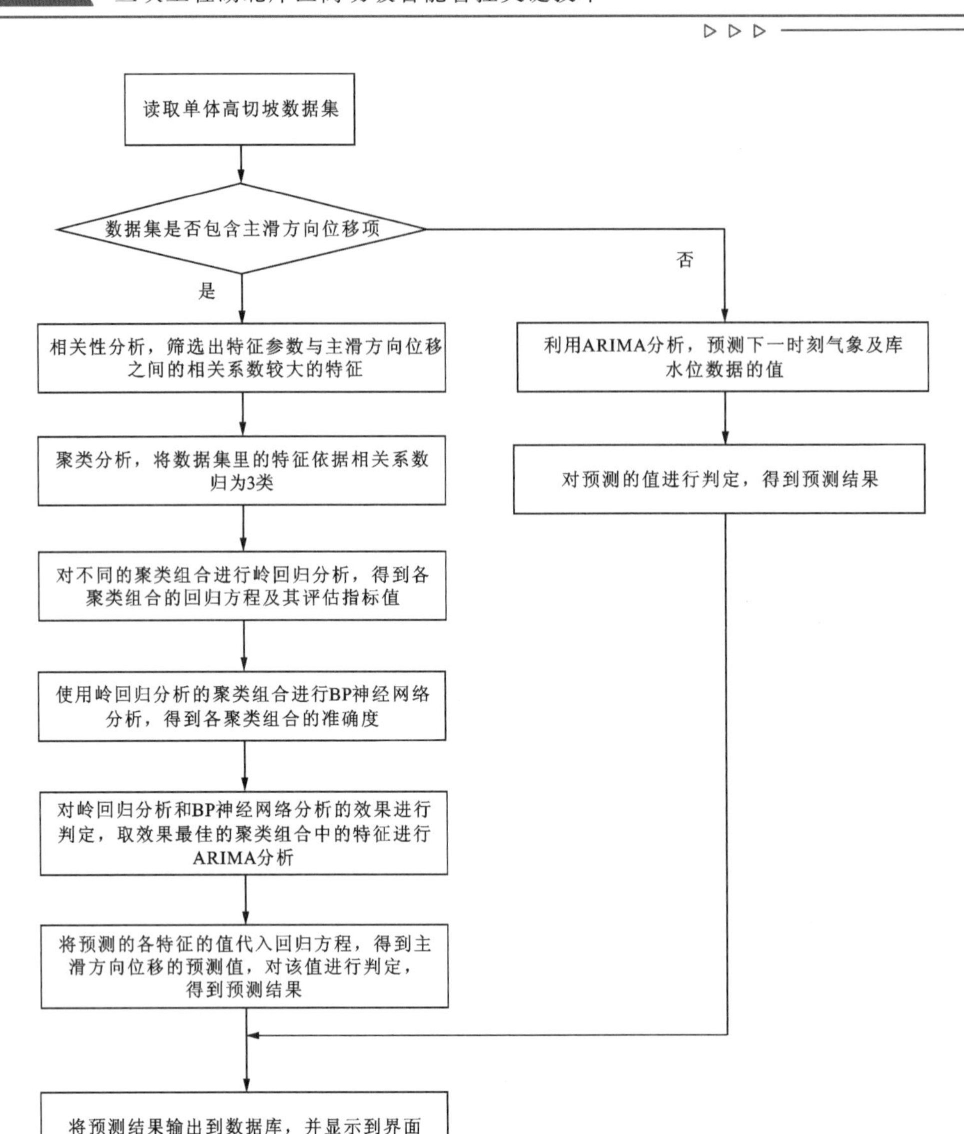

图 5-10　单体高切坡预测流程图

(2),(0,1),(1,2),(0,1),(0,1,2)]。将每一类聚类组合的岭回归分析的准确度和 BP 神经网络分析的准确度相减,对准确度最高、效果最好的聚类组合中的特征进行 ARIMA 分析,计算出每一特征参数下一时刻的值,将该值代入岭回归分析得到的回归方程中,得到最终的主滑方向位移。对预测的主滑方向位移进行判定,若它大于历史主滑方向位移最大值的某个倍数,比如 2 倍,且其最新的群测群防巡查结果为异常,则判定为不稳定;若上述条件只满足其中一项,则判定为欠稳定;若均不满足,则判定为稳定。

1. 提取数据集

包含专业监测的单体高切坡数据集见图 5-11(以秭归县 ZG0032 高切坡为例)。

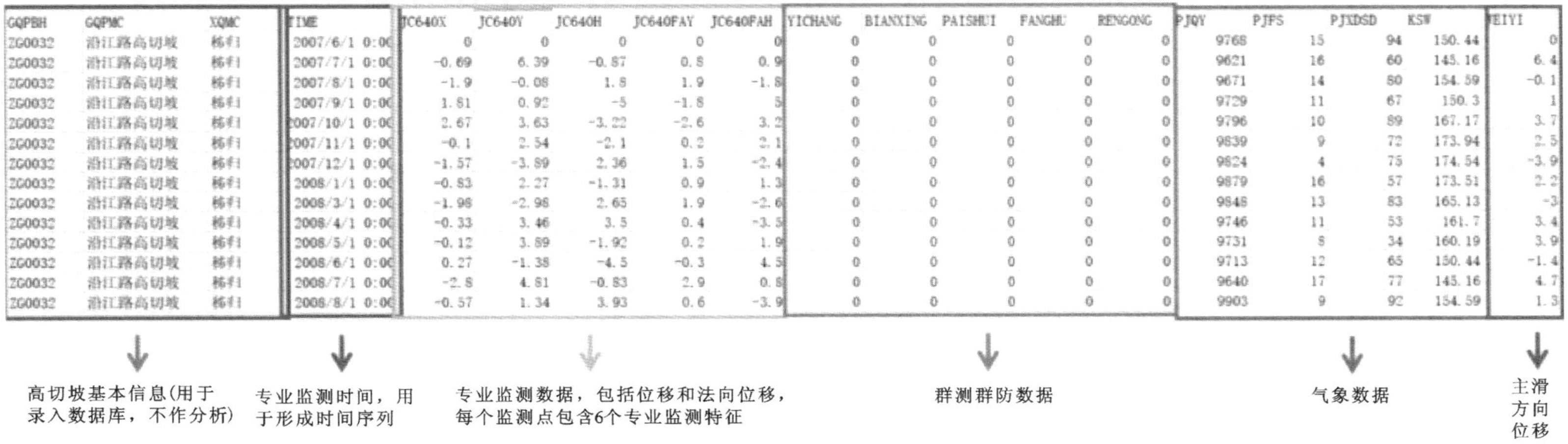

GQPBH	GQPMC	XQMC	TIME	JC640X	JC640Y	JC640H	JC640FAY	JC640FAH	YICHANG	BIANXING	PAISHUI	FANGHU	RENGONG	PJQY	PJFS	PJXDSD	KSW	WEIYI
ZG0032	沿江路高切坡	秭归	2007/6/1 0:00	0	0	0	0	0	0	0	0	0	0	9768	15	94	150.44	0
ZG0032	沿江路高切坡	秭归	2007/7/1 0:00	-0.69	6.39	-0.87	0.8	0.9	0	0	0	0	0	9621	16	60	145.16	6.4
ZG0032	沿江路高切坡	秭归	2007/8/1 0:00	-1.9	-0.08	1.8	1.9	-1.8	0	0	0	0	0	9671	14	80	154.59	-0.1
ZG0032	沿江路高切坡	秭归	2007/9/1 0:00	1.81	0.92	-5	-1.8	5	0	0	0	0	0	9729	11	67	150.3	1
ZG0032	沿江路高切坡	秭归	2007/10/1 0:00	2.67	3.63	-3.22	-2.6	3.2	0	0	0	0	0	9796	10	89	167.17	3.7
ZG0032	沿江路高切坡	秭归	2007/11/1 0:00	-0.1	2.54	-2.1	0.2	2.1	0	0	0	0	0	9839	9	72	173.94	2.5
ZG0032	沿江路高切坡	秭归	2007/12/1 0:00	-1.57	-3.89	2.36	1.5	-2.4	0	0	0	0	0	9824	4	75	174.54	-3.9
ZG0032	沿江路高切坡	秭归	2008/1/1 0:00	-0.83	2.27	-1.31	0.9	1.3	0	0	0	0	0	9879	16	57	173.51	2.2
ZG0032	沿江路高切坡	秭归	2008/3/1 0:00	-1.98	-2.98	2.65	1.9	-2.6	0	0	0	0	0	9848	13	83	165.13	-3
ZG0032	沿江路高切坡	秭归	2008/4/1 0:00	-0.33	3.46	3.5	0.4	-3.5	0	0	0	0	0	9746	11	53	161.7	3.4
ZG0032	沿江路高切坡	秭归	2008/5/1 0:00	-0.12	3.89	-1.92	0.2	1.9	0	0	0	0	0	9731	8	34	160.19	3.9
ZG0032	沿江路高切坡	秭归	2008/6/1 0:00	0.27	-1.38	-4.5	-0.3	4.5	0	0	0	0	0	9713	12	65	150.44	-1.4
ZG0032	沿江路高切坡	秭归	2008/7/1 0:00	-2.8	4.81	-0.83	2.9	0.8	0	0	0	0	0	9640	17	77	145.16	4.7
ZG0032	沿江路高切坡	秭归	2008/8/1 0:00	-0.57	1.34	3.93	0.6	-3.9	0	0	0	0	0	9903	9	92	154.59	1.3

高切坡基本信息(用于录入数据库，不作分析)

专业监测时间，用于形成时间序列

专业监测数据，包括位移和法向位移，每个监测点包含6个专业监测特征

群测群防数据

气象数据

主滑方向位移

图 5 - 11 单体高切坡数据集示意图

2. 选择及组合特征参数

(1)计算数据集中每个特征参数与主滑方向位移之间的相关系数,见表 5-7。

表 5-7　相关系数示例表(部分)

参数	相关系数
JC640X	−0.621 953 33
JC640Y	0.999 863 467
JC640H	0.575 237 14
JC640FAY	0.638 931 348
JC640FAH	0.527 835 78
YICHANG	−0.194 244 99
BIANXING	−0.194 244 99
FANGHU	−0.194 244 99
PAISHUI	−0.194 244 99
RENGONG	−0.151 818 4
PJQY	−0.104 286 66
PJFS	0.227 166 003
PJXDSD	−0.084 635 31
KSW	−0.063 829 72

(2)根据各特征参数的相关系数,对特征参数进行聚类分析,分析结果见表 5-8。

表 5-8　聚类结果示例表(部分)

参数	相关系数	分类
JC640X	−0.621 953 33	2
JC640Y	0.999 863 467	1
JC640H	0.575 237 14	1
JC640FAY	0.638 931 348	1
JC640FAH	0.527 835 78	1
YICHANG	−0.194 244 99	0
BIANXING	−0.194 244 99	0
FANGHU	−0.194 244 99	0

续表 5-8

参数	相关系数	分类
PAISHUI	−0.194 244 99	0
RENGONG	−0.151 818 4	0
PJQY	−0.104 286 66	0
PJFS	0.227 166 003	0
PJXDSD	−0.084 635 31	0
KSW	−0.063 829 72	0

(3)将聚类后属于不同类别的特征参数进行组合。如组成第 0 类，第 1 类，第 0、1 类(第 0 类＋第 1 类)等不同的参数组合。

3. 不同特征参数组合回归分析效果对比

对不同特征参数组合分别进行回归分析和 BP 神经网络分析，可得到各特征参数组合回归分析的 R^2 值和 BP 神经网络的均方根误差(RMSE)。R^2 值越大，说明回归分析的效果越好；均方根误差越小，说明 BP 神经网络分析的效果越好。

每一个特征参数组合的得分为：总得分＝R^2－RMSE，总得分越高，说明该组合的预测效果越好。在 ZG0032 高切坡的 7 类特征组合中，各特征参数组合的得分情况见表 5-8。

表 5-8　各特征参数组合的得分情况表

特征组合	R^2 值	RMSE	总得分
第 0 类	0.8	0.1	0.7
第 1 类	0.9	0.1	0.8
第 2 类	0.9	0.3	0.6
第 0、1 类	0.5	0.2	0.3
第 1、2 类	0.8	0.1	0.7
第 2、3 类	0.7	0.5	0.2
第 1、2、3 类	0.6	0.4	0.2

第 1 类特征参数组合的总得分最高，因此将选择第 1 类特征参数组合中的特征参数进行后续分析。

4. 回归分析

对效果最好的特征参数组合对应的数据集进行回归分析，记录下其回归方程的参数(包括截距和系数)。

以 ZG0032 为例，使用第 1 类特征组合进行回归分析，得到如下回归方程：

主滑方向位移 $M=a+b_1\times$JC640 位移 $Y+b_2\times$JC640 位移 $H+b_3\times$JC640 法向位移 $Y+b_4\times$JC640 法向位移 H

其中，$a=0.2$，$b_1=1$，$b_2=2$，$b_3=3$，$b_4=4$。

5. ARIMA 预测并代入回归方程

对效果最好的特征参数组合中的每一个特征参数进行 ARIMA 预测，可以预测出时间序列数据中特征参数下一时刻的值。由此得到 JC640 位移 Y'（JC640 位移 Y 在下一时刻的值，其他的类似）、JC640 位移 H'、JC640 法向位移 Y'、JC640 法向位移 H'的值。将这些值代入前面得到的回归方程中，得到：

主滑方向位移 $M'=a+b_1\times$JC640 位移 $Y'+b_2\times$JC640 位移 $H'+b_3\times$JC640 法向位移 $Y'+b_4\times$JC640 法向位移 $H'=0.2+1\times4+2\times(-1)+3\times1+4\times(-1)=1.2$(mm)

可以计算得到主滑方向位移 M'为 1.2mm，即主滑方向位移在下一刻的值为 1.2mm。

6. 将主滑方向位移 M'的绝对值与历史最大单次主滑方向位移绝对值的某个倍数（如 2 倍）作对比

(1) 如果主滑方向位移 M'大于历史最大单次主滑方向位移绝对值的 2 倍，且该高切坡最近一次群测群防为异常，则初步预测该高切坡状态为不稳定。

(2) 如果主滑方向位移 M'大于历史最大单次主滑方向位移绝对值的 2 倍，或该高切坡最近一次群测群防没有异常，则初步预测该高切坡状态为欠稳定。

(3) 如果主滑方向位移 M'小于历史最大单次主滑方向位移绝对值的 2 倍，且该高切坡最近一次群测群防为异常，则初步预测该高切坡状态为欠稳定。

(4) 如果主滑方向位移 M'小于历史最大单次主滑方向位移绝对值的 2 倍，且该高切坡最近一次群测群防为没有异常，则初步预测该高切坡状态为稳定。

例如，ZG0032 历史最大单次主滑方向位移的绝对值为 3（$1.2<6$），且最近一次群测群防为异常，则初步预测该高切坡状态为欠稳定。

7. 结果输出

单体高切坡预测结果与区域预测结果的表现形式类似，见图 5－8。

主要参考文献

AL - RAWABDEH A, HE F, MOUSSA A, et al. ,2016. Using an Unmanned Aerial Vehicle - Based Digital Maging System to Derive a 3D Point Cloud for Landslide Scarp Recognition[J]. Remote Sensing(8):95.

BAARS H, KEMPER H G, 2008. Management Support with Structured and Unstructured Data - An Integrated Business Intelligence Framework[J]. Information Systems Management, 25(2):132 - 148.

BEHLING R, ROESSNER S, GOLOVKO D, et al. ,2016. Derivation of Long - Term Spatiotemporal Landslide Activity - A Multi - Sensor Time Series Approach[J]. Remote Sensing of Environment(186):88 - 104.

BOYD D, CRAWFORD K, 2012. Critical Questions for Big Data Provocations for A Cultural, Technological, and Scholarly Phenomenon [J]. Information Communication & Society, 15(5):662 - 679.

CHANG F, DEAN J, GHEMAWAT S, et al. ,2008. Big Table: A Distributed Storage System for Structured Data[J]. ACM Transactions on Computer Systems, 26(2):205 - 218.

CHEN C L, ZHANG C Y, 2014. Data - Intensive Applications, Challenges, Techniques and Technologies: A Survey on Big Data[J]. Information Sciences(275):314 - 347.

CHEN H R, QIN S Q, XUE L, et al. ,2018. A Physical Prediction Model of Instability for Rock Slopes with Locked Patches Along a Potential Slip Surface[J]. Engineering Geology(242):34 - 43.

CHEN M, MAO S W, LIU Y H, 2014. Big Data: A Survey[J]. Mobile Networks & Applications, 19(2):171 - 209.

COJEAN R, CAI Y J, 2011. Analysis and Modelling of Slope Stability in the Three - Gorges Dam Reservoir (China)— The Case of Huangtupo Landslide[J]. Journal of Mountain Science, 8 (2), 166 - 175.

DEAN J, GHEMAWAT S, 2008. Mapreduce: Simplified Data Processing on Large Clusters [J]. Communications of the ACM, 51(1):107 - 113.

DU J, YIN K L, SUZANNE L, 2013. Displacement Prediction in Colluvial Landslides, Three Gorges Reservoir, China[J]. Landslides, 10(2):203 - 218.

DU J, YIN K L, WANG Y, et al. ,2016. Quantitative Vulnerability Evaluation of Individual Landslide: Application to the Zhaoshuling Landslide, Three - Gorges Reservoir, China[J].

Landslides and Engineering Slopes(2):851－859.

FAN J Q,HAN F,LIU H,2014. Challenges of Big Data Analysis[J]. National Science Review,1(2):293－314.

FOURNIADIS I G,LIU J G,MASON P J,2007. Regional Assessment of Landslide Impact in the Three Gorges Area,China,Using ASTER Data:Wushan－Zigui[J]. Landslides(4):267－278.

GANDOMI A,HAIDER M,2015. Beyond The Hype:Big Data Concepts,Methods,and Analytics[J]. International Journal of Information Management,35(2):137－144.

GUO Y,SHAN W,2011. Monitoring and Experiment on the Effect of Freeze－Thaw on Soil Cutting Slope Stability[J]. Procedia Environmental Sciences,10(5):1115－1121.

HARRIS C, LEWKOWICZ A G, 2000. An Analysis of the Stability of Thawing Slopes,Ellesmere Island, Nunavut, Canada[J]. Canadian Geotechnical Journal, 37(2): 449－462.

INTRIERI E,RASPINI F,FUMAGALLI A,et al.,2018. The Maoxian Landslide as Seen from Space:Detecting Precursors of Failure with Sentinel－1 Data[J]. Landslides,15(1):123－133.

KEIM D A,PANSE C,SIPS M,et al.,2004. Pixel Based Visual Data Mining of Geo－Spatial Data[J]. Computers & Graphics－UK,28(3):327－344.

LACROIX P,BIEVRE G,PATHIER E,et al.,2018. Use of Sentinel－2 Images for the Detection of Precursory Motions Before Landslide[J]. Remote Sensing of Environment,215(15):507－516.

LI C D,TANG H M,HU X L,et al.,2009. Landslide Prediction Based on Wavelet Analysis and Cusp Catastrophe[J]. Journal of Earth Science,20(6):971－977.

LI X J,CHENG X W,CHEN W T,et al.,2015. Identification of Forested Landslides Using LiDar Data,Object－Based Image Analysis,and Machine Learning Algorithms[J]. Remote Sensing,7(8):9705－9726.

LIU J Q,ZHAO J X,LIU Q H,et al.,2021. Integration and Application of 3D Visualization Technology and Numerical Simulation Technology in Geological Research[J]. Environmental Earth Sciences(80):776－783.

LIU J Q,TANG H M,LI Q,et al.,2018. Multi－Sensor Fusion of Data for Monitoring of Huangtupo Landslide in the Three Gorges Reservoir (China)[J]. Geomatics Natural Hazards & Risk,9(1):881－891.

LIU J Q,TANG H M,ZHANG J Q,et al.,2014. "Glass Landslide"－The 3D Visualization Makes Study of Landslide Transparent and Virtualized[J]. Environmental Earth Sciences,72(10):3847－3856.

LIU J Q,MAO X P,WU C L,et al.,2013. Study on a Computing Technique Suitable for True 3D Modeling of Complex Geologic Bodies[J]. Journal of the Geological Society of

India,82(82):570 - 574.

LIU J Q,HUANG X B,WU C L,et al. ,2012. From the Area to the Point - Study on the Key Technology of 3D Geological Hazard Modeling in Three Gorges Reservoir Area[J]. Journal of Earth Science,23(2):199 - 206.

LU P,CATANI F,TOFANI V,et al. ,2014. Quantitative Hazard and Risk Assessment for Slow - Moving Landslide from Persistent Scatterer Inteferometry[J]. Lanslides,11(4): 685 - 696.

MARGARINT M C, GROZAVU A, PATRICHE C V, 2013. Assessing the Spatial Variability of Coefficients of Landslide Predictors in Different Regions of Romania Using Logistic Regression[J]. Natural Hazards and Earth System Sciences,13 (12),3339 - 3355.

MCAFEE A,BRYNJOLFSSON E,2012. Strategy & Competition Big Data:The Management Revolution[J]. Harvard Business Review,90(10):60.

MCKENNA A,HANNA M,BANKS E,et al. ,2010. The Genome Analysis Toolkit:A MapReduce Framework for Analyzing Next - Generation DNA Sequencing Data [J]. Genome Research,20(9):1297 - 1303.

MEIJER E,BIERMAN G A,2011. Co - Relational Model of Data for Large Shared Data Banks [J]. Communications of the ACM,54(4):49 - 58.

MOOSAVI V, NIAZI Y, 2016. Development of Hybrid Wavelet Packet - Statistical Models (WP - SM)for Landslide Susce - Ptibility Mapping[J]. Landslides,13 (1),97 - 114.

O'DRISCOLL A,DAUGELAITE J,SLEATOR R D,2013. 'Big Data', Hadoop and Cloud Computing in Genomics[J]. Journal of Biomedical Informatics,46(5):774 - 781.

POURGHASEMI H R,MOHAMMADY M,PRADHAN B,2012. Landslide Susceptibility Mapping Using Index of Entropy and Conditional Probability Models in GIS: Safarood Basin,Iran[J]. Catena,97 (15),71 - 84.

SACCO G M,NIGRELLI G,BOSIO A,et al. ,2012. Dynamic Taxonomies Applied to a Web - Based Relational Data - Base for Geo - Hydrological Risk Mitigation[J]. Computers & Geosciences,(39):182 - 187.

SU A J,ZOU Z X,LU Z C,et al. ,2018. The Inclination of the Interslice Resultant Force in the Limit Equilibrium Slope Stability Analysis[J]. Engineering Geology,(240): 140 - 148.

TANG H M,LI C D,HU X L,et al. ,2015. Evolution Characteristics of the Huangtupo Landslide Based on Situ Tunneling and Monitoring[J]. Landslides,12 (3),511 - 521.

TANG H M,LI C D,HU X L,et al. ,2015. Deformation Response of the Huangtupo Landslide to Rainfall and the Changing Levels of the Three Gorges Reservoir[J]. Bulletin of Engineering Geology and the Environment,74 (3):933 - 942.

WANG J E,SU A J,Liu Q B,et al. ,2018. Three - Dimensional Analyses of the Sliding Surface Distribution in the Huangtupo No. 1 Riverside Sliding Mass in the Three Gorges

Reservoir Area of China[J]. Landslides,15(7):1425－1435.

WU X D,ZHU X Q,WU G Q,et al.,2014. Data Mining with Big Data[J]. IEEE Transactions on Knowledge and Data Engineering,26(1):97－107.

YIN Y P,HUANG B L,WANG W P,et al.,2016. Reservoir－Induced Landslides and Risk Control in Three Gorges Project on Yangtze River,China[J]. Journal of Rock Mechanics and Geotechnical Engineering,8(5):577－595.

白冰心,谭玉敏,王帅,等,2020. 基于 B/S 架构的群测群防监测信息上报系统研究[J]. 防灾减灾工程学报,40(3):447－452.

陈昌彦,王思敬,沈小克,2001. 边坡岩体稳定性的人工神经网络预测模型[J]. 岩土工程学报,23(2):157－161.

陈楚江,薛重生,余绍淮,2004. 西藏墨脱公路的灾害地质遥感识别[J]. 工程地质学报(1):57－62.

陈海洋,虞钢箭,张桂坪,2007. 三峡库区巴东型滑坡典型滑带微观结构与物理力学特征研究[J]. 资源环境与工程(2):147－151.

崔政权,李宁,1999. 边坡工程:理论与实践最新发展[M]. 北京:中国水利水电出版社.

戴可人,铁永波,许强,等,2020. 高山峡谷区滑坡灾害隐患 InSAR 早期识别——以雅砻江中段为例[J]. 雷达学报,9(3):554－568.

范景辉,邱阔天,夏耶,等,2017. 三峡库区范家坪滑坡地表形变 InSAR 监测与综合分析[J]. 地质通报,36(9):1665－1673.

冯夏庭,张治强,杨成祥,1999. 位移反分析的进化神经网络方法研究[J]. 岩石力学与工程学报,18 (5):529.

贺可强,郭璐,2017. 水库滑坡位移与水动力耦合预测参数及其评价方法研究[J]. 水利学报,48(5):516－525.

贺小黑,王思敬,肖锐铧,等,2013. 协同滑坡预测预报模型的改进及其应用[J]. 岩土工程学报(10):1839－1848.

黄润秋,许强,1997. 斜坡失稳时间的协同预测模型[J]. 山地研究,15(1):7－12.

黄润秋,向喜琼,巨能攀,2004. 我国区域地质灾害评价的现状及问题[J]. 地质通报,23(11):1078－1082.

贾曙光,金爱兵,赵怡晴,2018. 无人机摄影测量在高陡边坡地质调查中的应用[J]. 岩土力学,39(3):1130－1136.

江泊洧,项伟,张雪杨,2011. 基于 CT 扫描和仿真试验研究黄土坡滑坡原状滑带土力学参数[J]. 岩石力学与工程学报,30(5):1025－1033.

简文星,许强,童龙云,2013. 三峡库区黄土坡滑坡降雨入渗模型研究[J]. 岩土力学,34(12):3527－3533,3548.

靳德武,牛富俊,李宁,2006. 青藏高原多年冻土区热融滑塌变形现场监测分析[J]. 工程地质学报(5):677－682.

李德营,殷坤龙,2013. 基于影响因子的 GM(1,1)－BP 模型在八字门滑坡变形预测中的应用[J]. 长江科学院院报,30(2):6-11.

李秀珍,孔纪名,王成华,2007. 灰色 GM(1,1)残差修正模型在滑坡预测中的对比应用[J]. 山地学报,25(6):741-746.

李学龙,龚海刚,2015. 大数据系统综述[J]. 中国科学:信息科学,45(1):1-44.

刘汉东,1998. 边坡位移矢量场与失稳定时预报试验研究[J]. 岩石力学与工程学报,17(2):111-116.

刘汉东,王思敬,2001. 滑坡预测预报非线性动力学方法[J]. 华北水利水电学院学报,22(3):123-126.

刘军旗,黄长青,吴冲龙,等,2015. 工程地质信息处理技术与方法概论[M]. 武汉:中国地质大学出版社.

刘军旗,刘强,刘千慧,等,2021. 大数据时代地质灾害数据管理及应用模式探讨[J]. 地质科技通报,40(6):268-275.

刘军旗,2014. 工程地质数据处理方法探讨——以水利枢纽工程为例[J]. 工程地质学报,22(5):989-996.

刘路路,宋亮,焦玉勇,等,2017. 库水位波动条件下黄土坡临江 1# 崩滑堆积体稳定性研究[J]. 岩土力学,38(S1):359-366.

刘艳辉,刘传正,李铁锋,等,2007. 三峡库区巴东复杂斜坡系统变形机理数值模拟与稳定性研究[J]. 水文地质工程地质(1):47-52.

孟小峰,慈祥,2013. 大数据管理:概念、技术与挑战[J]. 计算机研究与发展,50(1):146-169.

倪卫达,唐辉明,胡新丽,等,2013. 黄土坡临江 I 号崩滑体变形及稳定性演化规律研究[J]. 岩土力学,34(10):2961-2970.

潘世兵,李小涛,宋小宁,2009. 四川汶川“5.12”地震滑坡堰塞湖遥感监测分析[J]. 地球信息科学学报,11(3):299-304.

彭建兵,林鸿州,王启耀,等,2014. 黄土地质灾害研究中的关键问题与创新思路[J]. 工程地质学报,22(4):684-691.

秦四清,张倬元,王士天,等,1993. 非线性工程地质学导引[M]. 成都:西南交通大学出版社.

秦四清,2000. 斜坡失稳的突变模型与混沌机制[J]. 岩石力学与工程学报,19(4),486-492.

秦四清,2005. 斜坡失稳过程的非线性演化机制与物理预报[J]. 岩土工程学报(11):6-13.

申德荣,于戈,王习特,等,2013. 支持大数据管理的 NoSQL 系统研究综述[J]. 软件学报,24 (8):1786-1803.

施斌,徐洪钟,张丹,等,2004. BOTDR 应变监测技术在大型基础工程健康诊断中的可行性研究[J]. 岩石力学与工程学报,23(3):493-499.

施斌,徐学军,王镝,等,2005. 隧道健康诊断 BOTDR 分布式光纤应变监测技术研究[J]. 岩石力学与工程学报,24(15):2622-2628.

苏爱军,陈蜀俊,童广勤,2008. 三峡工程库区主要环境地质问题及处置对策[J]. 长江科学院院报,25(1):53－57.

苏爱军,冯宗礼,1990.滑坡预报方法探讨[J].水文地质工程地质(5):50－51.

苏爱军,柯于义,刘红星,2008.长江三峡工程库区巫山新城区地质环境与移民建设利用对策[M].武汉:长江出版社.

苏爱军,童广勤,2009.水库岸坡防护工程可靠性设计与工程技术[M].武汉:中国地质大学出版社.

苏白燕,许强,黄健,等,2018.基于动态数据驱动的地质灾害监测预警系统设计与实现[J].成都理工大学学报,45(5):615－625.

唐辉明,2015.斜坡地质灾害预测与防治的工程地质研究[M].北京:科学出版社.

唐辉明,鲁莎,2018.三峡库区黄土坡滑坡滑带空间分布特征研究[J].工程地质学报,26(1):129－136.

唐尧,王立娟,马国超,等,2019.利用国产遥感卫星进行金沙江高位滑坡灾害灾情应急监测[J].遥感学报,23(2):252－261.

汪斌,朱杰兵,唐辉明,等,2008.黄土坡滑坡滑带土的蠕变特性研究[J].长江科学院院报(1):49－52.

王静远,李超,熊璋,等,2014.以数据为中心的智慧城市研究综述[J].计算机研究与发展,51 (2):239－259.

王尚庆,徐进军,2006.滑坡灾害短期临滑预报监测新途径研究[J].三峡大学学报(自然科学版),28(5):385－388.

文宝萍,陈海洋,2007.矿物成分、特征地球化学组分对水在滑带形成中作用的指示意义:以三峡库区大型滑坡为例[J].地学前缘(6):98－106.

吴冲龙,刘刚,张夏林,等,2016.地质信息系统原理与方法[M].北京:地质出版社.

吴冲龙,刘刚,田宜平,等,2014.地质信息科学与技术概论[M].北京:科学出版社.

伍法权,王年生,1996.一种滑坡位移动力学预报方法探讨[J].中国地质灾害与防治学报(7):38－41.

伍法权,2002.三峡工程库区影响135m水位蓄水的滑坡地质灾害治理工程及若干技术问题[J].岩土工程界,5(6):15－16.

吴树仁,韩金良,石菊松,等,2005.三峡库区巴东县城附近主要滑坡边界轨迹分形分维特征与滑坡稳定性关系[J].地球学报(5):71－76.

吴益平,唐辉明,2001.滑坡灾害空间预测研究[J].地质科技情报(2):87－90.

武雄,于青春,何满潮,等,2006.三峡库区巴东黄土坡巨型古滑坡体形成机理[J].水利学报(8):969－976.

武雄,段庆伟,孙燕冬,等,2008.三峡库区巴东黄土坡巨型古滑坡体稳态预测预报[J].武汉大学学报(工学版)(5):67－71.

肖诗荣,胡志宇,卢树盛,2013.三峡库区巴东县黄土坡滑坡移民搬迁新址地质灾害评价[J].三峡大学学报(自然科学版),35(5):62－67.

肖拥军,邓敏,杨昌才,2015.库岸复杂滑坡体形成机制的数值分析[J].自然灾害学报,

24(2):74－80.

许强,汤明高,徐开祥,等,2008.滑坡时空演化规律及预警预报研究[J].岩石力学与工程学报,27(6):1104－1112.

晏同珍,殷坤龙,伍法权,等,1988.滑坡定量预测研究的进展[J].水文地质工程地质(6):8－14.

晏同珍,伍法权,1989.滑坡系统静动态规律及斜坡不稳定性空时定量预测[J].地球科学,14(2):117－133.

叶润青,付小林,郭飞,等,2021.三峡水库运行期地质灾害变形特征及机制分析[J].工程地质学报,29(3):680－692.

张路,廖明生,董杰,等,2018.基于时间序列 InSAR 分析的西部山区滑坡灾害隐患早期识别——以四川丹巴为例[J].武汉大学学报(信息科学版),43(12):2039－2049.

周萃英,1999.滑坡预测的方法学进展[J].地质科技情报,18(4):89－92.